U0198857

平野区的町屋（能见宅）
日本，大阪

[美] 菲利普 · 朱迪狄欧 / 著
木兰 / 译

安藤忠雄的房子

PHILIP JODIDIO

TADAO ANDO : HOUSES

中信出版集团 | 北京

小筱宅
日本，兵库县，芦屋市

目录

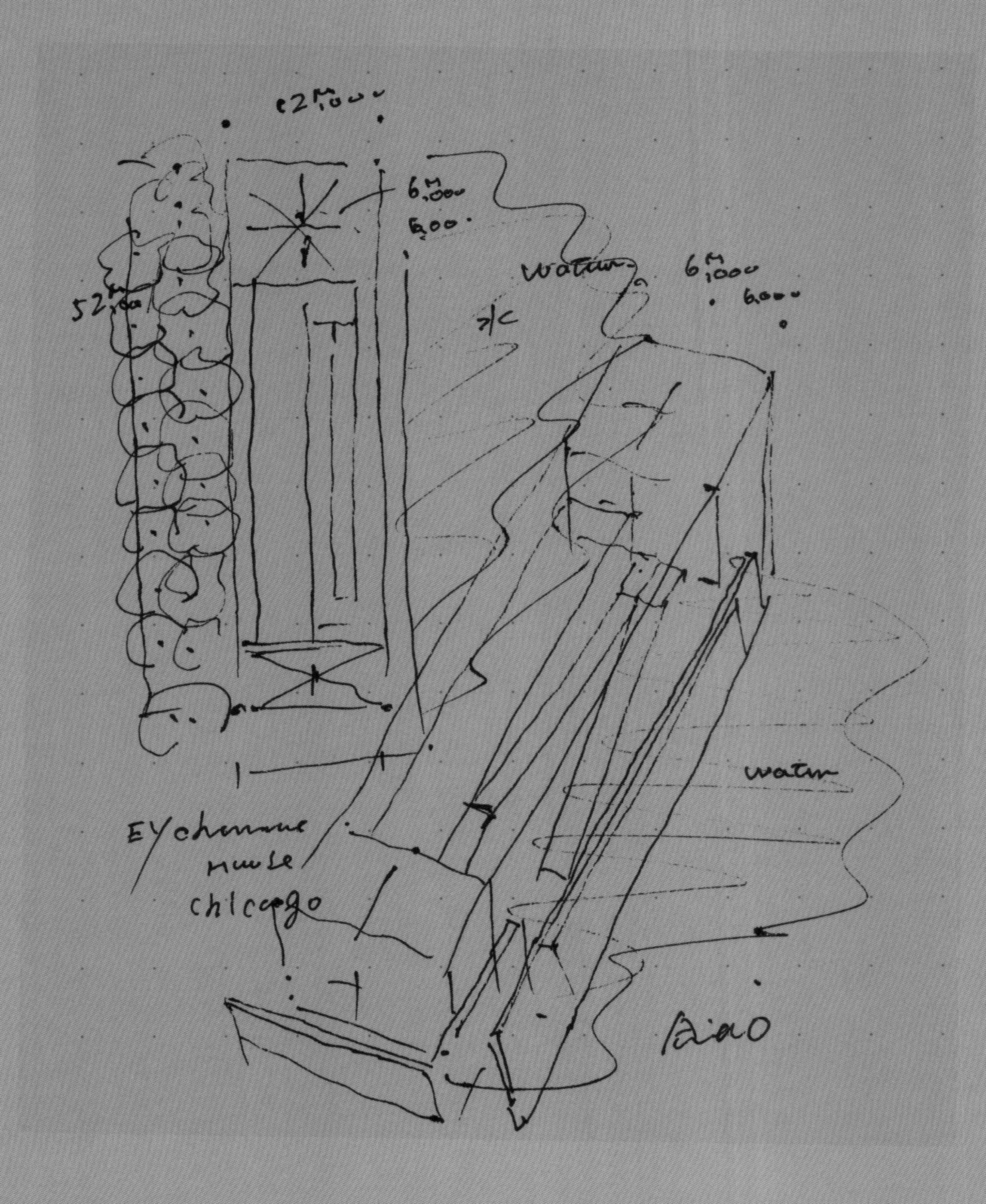

我心中一直有一个坚定的信念，那就是我的最终作品将是一座住宅。

——安藤忠雄

芝加哥的住宅草图
美国，伊利诺伊州

住宅：我的建筑起源

安藤忠雄

2010 年，我在墨西哥完成了一个为期五年的住宅项目。该住宅总建筑面积约为 1 500 平方米，坐落于国家公园的山脚，可以俯瞰墨西哥最大的工业中心之一蒙特雷市。

在向我展示了一个自然条件优越、令人心动的建筑基地后，业主要求房屋与周围环境融为一体，在保护隐私的同时，还能借景生景。我思考着如何通过运用一个与地形对应的几何结构来解决项目的主要问题——创建一个既开放又封闭的住宅，并根据房间的私人或公共特性提供不同类型的空间。这促使我开发了一个长条的 Z 形体块，用一个上升的之字形通道，使生活空间与斜坡相连。

三层的平面设计在不同的层次上产生空间，这反过来定义了内部和外部区域之间的不同关系，并柔和地表达了私人和公共区域之间的动态空间顺序。我想要创造的是一个充满对立力量的房子，一个既开放又封闭、既恬静又活泼，而且能充分欣赏到墨西哥绚丽的原生态美景的房子。

我的建筑生涯从 1969 年开始到现在，已经五十多年了。起初我致力于家乡大阪的小规模城市住宅项目设计，而今我在海外从事多个大型文化综合体的设计。对比两种情形时，我感觉自己生活在两个完全不同的世界。

尽管时过境迁，周围发生了很多变化，但我对建筑的立场一直没有改变：这是一种深度思考的行为，是一种在每个项目的抽象和具体方面寻找最佳解决方案的探索。

我的方法通过房屋的设计得到了最清晰的展示。这些房屋保留了居住理念，解决了人类生活中的最基本问题。一所房子必须满足居住者在日常生活中的功能需求，同时，还应与房子所在地的自然、气候、历史和思想传统等多层背景密切相关。

面对这些压倒性的物理因素和背景因素，我试图创造一个以抽象为特征的自然元素，比如光；我想象用千变万化的自然片段，比如风或者框架景观，使空间散发和呈现不同的表情。越是静默的背景空间，越能使人感受到强烈而活泼的大自然气息。这就是我寻找更简单和组成元素更少的几何形体的原因。

住宅设计的实际情况是纷繁复杂的，而且往往与这种抽象的建筑相冲突。这是一场在对立元素之间寻找微妙平衡的斗争：场地的环境和最终构建它的几何结构；多样的功能需求以及必须包含这些功能的墙壁的纯建筑表达。在对赋予建筑深度的现实世界和赋予建筑力量的抽象世界保持一种正确认识的同时，我在寻找一种能允许两者共存的临界形式。

换句话说，我工作的驱动原理就是，使用最少的材料创造与自然交融的丰富空间，以及承载嵌入场景中的人们和历史的记忆。

在创作过程中，冲突越激烈，建筑就变得越生动、越富有活力。住宅是在这种斗争中诞生的最小的建筑类型，也是我的建筑起源。

自 20 世纪 90 年代以来，由于我所参与的项目性质的变化，我很少建造住宅。即便如此，我每年还是会设计两三套住宅。这些项目不仅为我工作室里经验不足的年轻员工提供了学习建筑和获得实际工作经验的机会，还能防止我忽视自己的建筑本质和起源。

最近，我在斯里兰卡和印度以及上述墨西哥等地，着手设计越来越多的大型住宅项目，这些地方远离日本，气候也不尽相同。在这些项目中，我使用了像蒙特雷的住宅那样的 Z 形几何结构。它们与我之前设计的简单箱体相比，更具象征意义。

其中一个原因是，我有意识地尝试创新建筑表达，使它们能够成为所在地区独树一帜的景观。雄伟的外观也是为了适应房屋不断扩大的规模。为了更清晰地表达建筑背后抽象的概念，几何结构应该尽可能简单。也就是说，在超过一定规模之后，由箱体组成的简单组合物，在空间上和形式上都变得行不通。因此，我不得不寻找能够独立成立的几何结构，同时它们需要有过硬的建筑质量。

然而，最重要的是，这些形式所产生的空间，来自具体与抽象之间的冲突，定义了同时具有力量和深度的住宅。无论建筑基地在哪里，无论工程规模如何，这都是我设计的住宅不变的主题。

住宅最终应该是一个扎根于基地，反映出居住者精神的建筑。这也许会让我重新回到那些我更熟悉的地方，以更亲切的尺度来建造住宅。

事实上，我心中一直有一个坚定的信念，那就是我的最终作品将是一座住宅。

欧几里得与光线：安藤忠雄的住宅

菲利普·朱迪狄欧

许多建筑师从设计私人住宅开始他们的职业生涯，但很少有人在成名后能坚持下去。然而，安藤忠雄锲而不舍地建造住宅，他用自己的建筑语言最好地解释了原因。从他在 1969 年开设办公室后设计的第一座建筑——大阪富岛宅（1973），到最近的作品（如他正在为著名艺术家或设计师设计的工作室），其中明显存在着某些不变的元素。无论是在规模还是在建筑类型上，这些元素都是他作品的核心。

几何学与自然

1987 年，安藤在耶鲁大学做了一次演讲，题目为《如何应对当代（现代）建筑不可救药的停滞状态》。安藤说："建筑通过与周围环境要素不断对话和碰撞，带来了新的活力和生命。我采用几何图形给整体排序，因为我相信几何学是建筑学的依据……此外，我试图创造一种人与自然可以交流的环境。我想在我的建筑中打造人与自然元素对话的空间，在那里人们可以感受到阳光、空气和雨。"

在欧几里得固体领域里

从西方人的角度来看，安藤作品中的几何特征非常明显。圆形、正方形和长方形是他的设计图的标配，而圆柱体、立方体和球体在他设计的剖面和整体建筑中也无处不在。安藤忠雄没有隐瞒自己灵感的一些来源，他回忆道："在我 15 岁的时候，家里进行装修，我认识了一些木匠。大约在同一时间，我在一家旧书店里，看到了一本勒·柯布西耶作品集。我临摹了他的一些草图。我想说，这就是我开始对建筑感兴趣的原因。"

安藤在谈到另一位被拿来与他相比较的建筑师路易斯·康时说："我最欣赏的路易斯·康的作品是位于艾哈迈达巴德的印度管理学院（1962—1974，与巴克里希纳·多西共同设计）。他采用明显生硬而冰冷的几何图形和当地的建筑材料，成功地在建筑物内打造了戏剧性的光影世界。该建筑在尊重当地文化和配合周边环境方面也令人钦佩。除了功能方面，康还在这里设计了一个精神上的建筑空间。"安藤所说的"明显生硬而冰冷的几何图形"和"戏剧性的光影世界"之间的关系也描述了他自己的作品。尽管安藤承认他向西方现代主义大师看齐，但他也肯定了自己的独创性。"我对与过去的建筑进行对话很感兴趣，"他说，"但必须用我自己的眼睛和经验去筛选。我感激勒·柯布西耶或路德维希·密斯·凡·德·罗，但同样地，我会用自己的方式去诠释从他们的作品中学到的东西。"

安藤的建筑特点是在对几何学的运用方面具有高度的一致性。这在他的逻辑推理和造型上表现得尤为突出。当然，这种一致性并没有阻碍他高度的创造力，反而是他的设计优势。他自己的工作室是位于大阪的富岛宅。他曾说过："我沿着场地外围筑起围墙，创造一个不受周围噪声干扰的内部避难所。”大阪和其他日本城市一样，人口密集，按照西方人的标准来看，房屋往往很小。在这种逻辑背景下，安藤在第一件作品中，非常强调隐私，就像他在富岛宅之后的作品中经常强调的那样。繁华的大阪市是安藤的故乡，是他思想中不可避免的一部分，但从一开始，他就刻意将这份繁华拒之门外，转而通过厚厚的墙壁和开口来保护隐私。这些墙壁和开口使人更有可能看向天空，而不是城市。

混凝土与阳光

安藤的自然观可能需要解释一下。对于普通人来说，安藤最喜欢的建筑材料——混凝土看起来冷冰冰的，一点也不自然。在他的日本作品中所见到的混凝土的质感，与在世界其他地方看到的并不相同。它表面平滑，触感“柔软”，奇妙地散发出一种温暖，那些没有体验过这种日本建筑质感的人只能想象了。但是，大自然是从哪里进入富岛宅的呢？中心的庭园给出了答案。从某种意义上说，透过这个中庭洒下的光线，就是安藤建筑真正的核心所在。安藤说：“直射的阳光在穿过错落的楼层以及卧室、起居室和餐厅时变得柔和起来，为白色围墙内的生活带来了自然的节奏。”在这个大城市里，几乎没有空间用来装点绿意，而安藤升华了自然，并将其以光或微风的形式融入建筑中。

安藤第一次引起建筑界的注意，是因为位于大阪南部的另一个小住宅——住吉的长屋（1976）。他在这里的设计将传统与现代大胆地结合在一起，其表现为清水混凝土立面上唯一的开口是门洞，而其形状很大程度借鉴了日本传统建筑。虽然狭窄而细长的场地与邻近房屋形成强烈对比，但严谨的几何结构可能比老式住宅更符合这里的规则。黑石板地面和混凝土墙面也给室内设计带来了一种现代的简约感。房屋的设计图被分成三个相等的矩形。一楼靠近街边部分是一个起居空间，它上面有一个卧室；最里面是厨房和浴室，其上面是客房；中央空间则是露天的，有一座天桥连接二楼的前后屋，还有一个从中央庭院通向二楼的楼梯。业主从前屋到后屋只能经过室外，别无选择。在这里，不仅是光线和微风，甚至连雨水也可能进入安藤的综合体。虽然坚固的混凝土墙给住宅营造了一种私密的、安全的氛围，但是，就像经常采用这种开放式庭院的日本传统建筑一样，自然依然存在。

建筑和场地

安藤职业生涯的另一个里程碑是小筱宅（1979，后又扩建），它位于神户附近芦屋市一个美丽的山坡上。这座房子是为著名时装设计师小筱弘子建造的，它的规模与安藤忠雄早期的作品不同，占地面积超过 550 平方米，按照日本的标准来说，这是相当豪华的。该建筑坐落在一个树木繁茂的绿色山坡上，占据了场地（611 平方米）的一半以上。建筑师再次使用清水混凝土墙保护业主隐私，他封闭了靠近街道的立面，打开了房屋，使其能接触到自然环境和阳光。安藤表示：“我们的目标是充分利用当地优越的地理环境，以及项目的高度自由性，在建筑和场地之间建立一种关系，使建筑与周围自然环境协调，同时拥有自主性。”该住宅主要由两个混凝土矩形体块组成，1984 年由安藤改造，又增加了扇形体块，计划作为工作室。安藤对小筱宅的扩建，展示了他设计中另一个常见的主题：尽管原始结构具有完整性，但一个能长期留存下来的建筑，可以很容易接受扩建和改变。

小筱宅得益于迷人的自然环境，这在他早期设计的大阪住宅中是不存在的。在这栋房子中，安藤进一步发展了与自然的关系，将外面的绿色景观引入室内。他解释道：“像光和风这样的东西，只有当它们以一种与外界隔绝的形式被引入房屋时，才有意义。被碎片化的光线和空气使人想到整个自然界。我所创造的形式已经通过改变基本自然元素（光和空气）而获得意义，这些元素标志着时间的流逝和四季的更替。”

山丘与网格

虽然安藤的神户六甲集合住宅与他的私人住宅类型不同，但它们展示出了许多与建筑师安藤在单户住宅中表现出的相同的关注点。六甲集合住宅Ⅰ期工程于 1983 年完工，它位于一个陡峭的斜坡上，面向大阪湾和神户港。尽管场地很不规则，但安藤还是开发出了一种“构成单元位移”的方法，使他能够将几何学的严谨应用到设计中。六甲集合住宅Ⅱ期是 10 年后在相邻地点建成的。与建筑师安藤的职业生涯发展过程有些同步，Ⅱ期比它的前身大了三倍。这里使用了一个 5.2 米见方的网格，在“边缘”

城户崎宅
日本，东京，世田谷区

空间中解决了场地不规则问题，这些空间以一种和谐的方式贯穿结构。六甲集合住宅Ⅲ期（1999）进一步探讨了如何在预算范围内利用严谨的几何形状创建出各式住宅。在六甲综合体的每一个连续元素中，公共空间变得越来越重要，创造了一种在现代公寓建筑中不常见的社区感。回到同一个更广阔的场地后，安藤的兴趣变得更浓厚了，因为他在每个阶段都与不同的客户合作。

2002 年，安藤声称小筱宅和六甲集合住宅项目等作品中表现出的连续性，是他的核心思想。“对于大多数建筑师来说，在不同的工地上工作是很有趣的。我很幸运能这样工作一段时间。我想要的不仅仅是建造一个环境，而是创造一个环境。也许我是幸运的，但可能是出于我对创造一个环境的兴趣，所以我不断地在一些工地上工作。”“创造一个环境”的想法，引发了安藤对景观态度的进一步思考。他是想要居住在现有的景观中呢，还是要创造一个新的景观呢？安藤说：“无论你在哪里建造住宅，它周围都有一个现有的景观。在我看来，解读周围景观是一个极其重要的阶段。你必须做出那个地方独一无二的东西。突出景观的独特性，就是我想做的。”这种想法强调了建筑师安藤对人工自然这个概念的情有独钟——也许在某种意义上自然被人工化了，但它仍然存在，甚至比自然更“自然”。

历史的门户

尽管安藤使用了自觉受限的几何造型，并且经常强调混凝土，但他在设计中还是展示了大量的不同形式和感觉。2003 年他在神户建的 4×4 住宅就是一个很好的例子。4×4 住宅（之所以这么命名，是因为它的顶层是 4×4 平方米）是一座四层住宅，位于海边，距离 1995 年阪神大地震的震中只有 4 000 米。那次地震造成神户市约 5 480 人死亡，近 30 万人无家可归。安藤忠雄说：“这个立方体内的景观是一幅横跨濑户内海、淡路岛和明石海峡大桥的全景图。无论是对在这个地区谋生的业主，还是对我自己来说，关于阪神大地震的反思和记忆都被嵌在这所住宅里。”从顶层的大窗户望去，周围的景色一览无余，这也是安藤对自然和建筑——在这个案例中，就是历史事件和房子——之间联系的独特表达。安藤深入参与了神户及周边地区的灾后重建工作，所以这件事对他来说有着特殊的意义。1995 年，他把普利兹克奖凯悦基金会颁发的 10 万美元，捐给了一个地震孤儿基金会。远处巍峨雄壮的明石海峡大桥连接着神户和淡路岛。明石海峡大桥是世界上最长的悬索桥，中跨 1 991 米。从某种意义上说，这所房子也因此见证了日本的自然和人工两种极端情况。安藤在谈到这个地方时写道：“我梦想着一个在涨潮的时候浸泡在海水中的建筑。”

虽然很少公之于众，但其实 4×4 住宅旁边还坐落着一个双胞胎木结构住宅——4×4 住宅Ⅱ（2004 年），有着相同的尺寸和配置。这个住宅是为另一位业主设计的，他对原来的混凝土结构印象深刻。在这个案例中，建筑师不仅展示了他如何利用神奇的几何学使房屋具有独创性，还展示了他使用材料的方式。尽管该建筑在体积上与原来的 4×4 住宅相同，但是 4×4 住宅Ⅱ通过木材的使用而有了根本的不同。安藤表示：“建造这对双子楼的用意在于形成一扇面向大海的门户，但是它们采用了混凝土和木材这两种截然不同的材料，我希望借此加强建筑与这个地方的联系。”这两栋建筑细长而质朴，在许多方面构成了通往日本心脏地带，以及理解安藤作为当代建筑师的意义的门户。

随着安藤声名不断远播、获得普利兹克奖，安藤开始在日本以外的国家和地区建造更多的建筑。芝加哥的住宅（1992—1997）是他在美国接手的第一个项目，总建筑面积为 835 平方米，比日本常见的建筑大得多，可以与安藤设计的日本小型博物馆相媲美。它有两个矩形体块，结构忠实于建筑师的几何原则。但它也包含了一些有趣的特征，比如弧形的墙，这是为了保护遗址上的一棵白杨树而建造的。这座住宅位于一个安静的住宅区，通过水上花园和安藤一贯强调的光线，展现了安藤对自然始终如一的兴趣。它不仅升华了对自然的表达，还创造出了真正开放的私人空间。对白杨树的保护表明，几何形状可以随着自然的存在而弯曲。

刺穿风景线

曼哈顿的屋顶小楼（1996 年设计）是为一个著名的美国家庭，在现有的 20 世纪 20 年代风格的高层建筑中增建的。这个项目不仅仅是翻新，还要求在建筑物的屋顶上安装一个玻璃涂层的混凝土箱体，以及在原建筑五层楼的地方，将一个矩形的玻璃

4×4 住宅
日本，兵库县，神户市

块以一定的角度贯穿现有的结构。安藤曾参与多项翻新工程，但这种非同寻常的直线式现代建筑设计手法与一座具有历史意义的建筑（至少按纽约的标准来看）并置，显示出了他的独具匠心。他的玻璃盒子映射出梦幻般的城市景观，并吸收大量的光线，同时保留了客户的隐私。安藤说，他希望这个朴素的建筑，能像真的刺穿了城市的风景线一样，给曼哈顿这个欲望之都带来新的刺激。

另一个经典的美国项目是安藤在加州的马里布的住宅（2003年设计）。以勒·柯布西耶与伊安尼斯·泽纳基斯（Iannis Xenakis）于 1958 年设计的布鲁塞尔世界博览会飞利浦馆为先例，马里布的这座住宅寻求放大和利用光与声音，包括附近太平洋的波浪声，使建筑充满活力，甚至让光与声音成为建筑的一部分。当安藤谈到"诞生于无形的光与声音的建筑"时，他表现出对寻求一种完全向自然开放的纯几何形式的兴趣。它不是像在著名的加利福尼亚住宅里发生的那种从物理上闯入现代主义空间的自然。那里用光来表达本质，而这里是用声音来表达的。尽管安藤的想法与弗兰克·劳埃德·赖特的有机建筑理念相去甚远，但他确实设想了一种融入自然环境的方式，这座住宅被形象地比喻为瀑布一样的别墅。

金门大桥的住宅（2004）进一步探索了安藤在神户崎岖的六甲山坡上第一次设置几何网格时，用多种方式表达的与自然的融洽关系。在这里，正方形网格再次被附加在自然地形上。透过贯穿到设计底部的空隙，建筑师试图将周围的景观、自然、风和光线引入室内。安藤再一次凭借对瞬息万变的自然界的表达，以及他对几何体的精准把握，重新划定了室内隐私和与外界联系之间的界限。

星辰与大海

尽管安藤从设计大阪的小长屋转移到了为达米恩·赫斯特（Damien Hirst）、卡尔·拉格斐、汤姆·福特等人设计工作室和住宅，但他从一开始就坚持了许多原则。光滑的混凝土墙体标志着界限，并提供了封闭的保护；面向天空或海洋的开口意味着允许自然进入，就像它们曾经意图提供的景观一样。一道光落在混凝土墙上，可以被认为是与自然的关系，虽然这一概念可能很难被一些人接受，但这是一个非常基础的想法，应该被普遍承认。安藤的墙从不压抑，它们让人感到欣慰。在它们宁静的范围内，有足够的空间让光线甚至微风进入。他对马里布的住宅项目中声音的兴趣，是他将自然作为非物质建筑体块持续使用的延伸，就像圆柱体或立方体一样，也是他词汇中的一部分。安藤的房子里的一束光也不应该被认为是他对形式理解的附加好处。相反，这是他作品的精髓，因为他的建筑语言不是日语，而是对建筑是什么或应该是什么的基本表达。安藤的素描简洁有力，通常只需要几笔就能勾勒出一座建筑。他的形体大胆而清晰，就像欧几里得固体一样。他的住宅提供了终极的奢华，是远离尘嚣的安全港，在那里人们仍然有时间看云卷云舒或者听潮起潮落。就像那两栋 4×4 住宅，守卫着那场毁灭性大地震的震中，安藤的住宅是为这个世界，抑或下一个世界而建。

住宅

HOUSES

住吉的长屋（东宅）

日本，大阪，1975—1976

这栋房子位于大阪的一个建筑密集、工薪阶层聚居的老城区。原住宅位于两栋连排长屋的中间，住吉的长屋是将其拆除后重建的。安藤的目标是在狭窄的场地上，建造一个小型建筑内的微观世界。他的方案是一个混凝土盒子，里面有三个部分和一个中央空间。这个空间被用作一楼起居室和厨房、餐厅、浴室之间的庭园，二楼是儿童房和主卧室。所有的空间都由一座天桥和一段楼梯连接起来。安藤说："这个简单的结构以及向内开放的多样而复杂的空间体验，混凝土墙壁的封闭表达以及进入室内的风和光，都为抽象的自然注入了活力。"房子的街道立面是一堵封闭的墙壁，正如入口处唯一漏出的光线所呈现的那样，这座房子也从连排长屋的背景中脱颖而出。

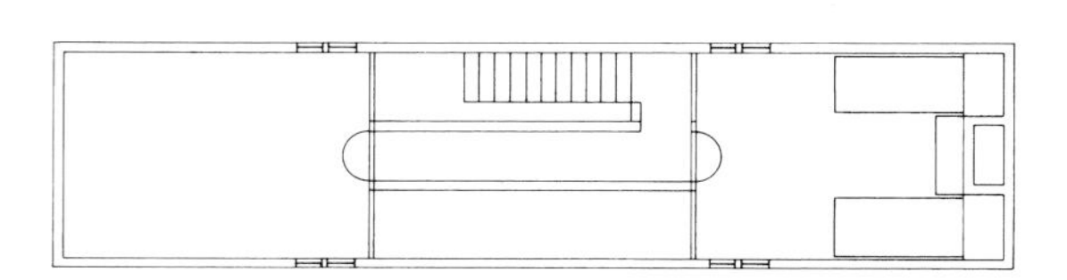

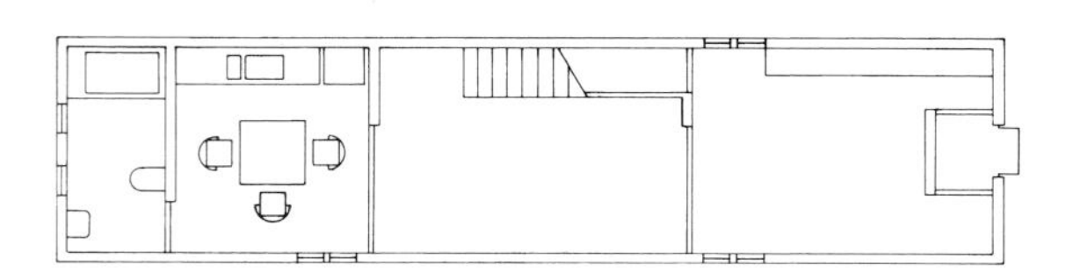

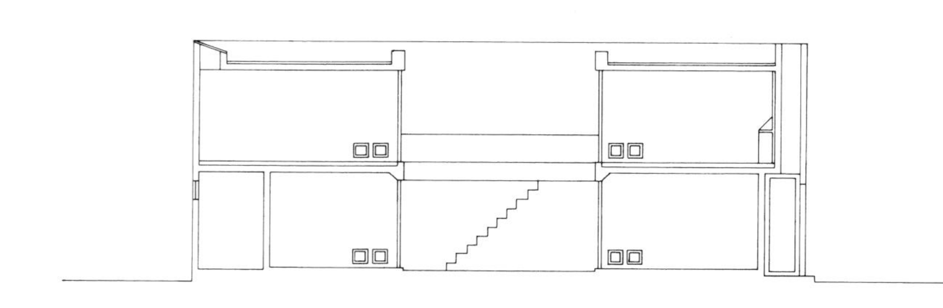

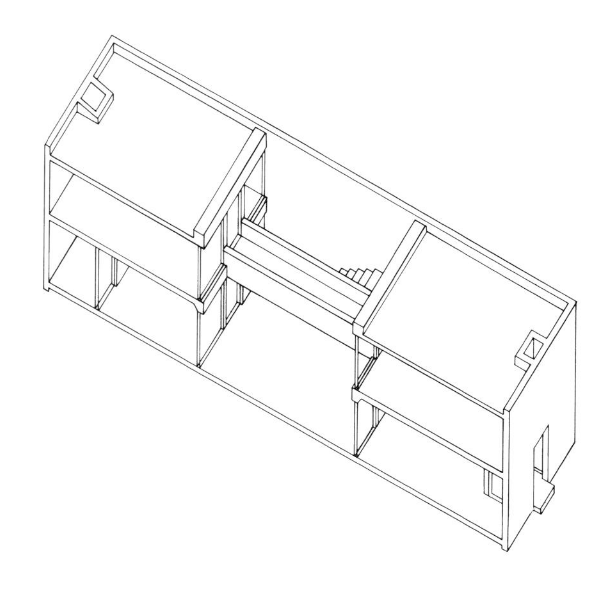

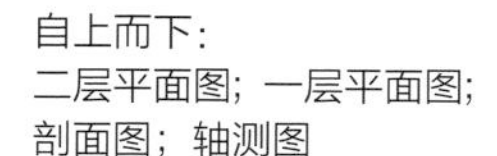

自上而下：
二层平面图；一层平面图；
剖面图；轴测图

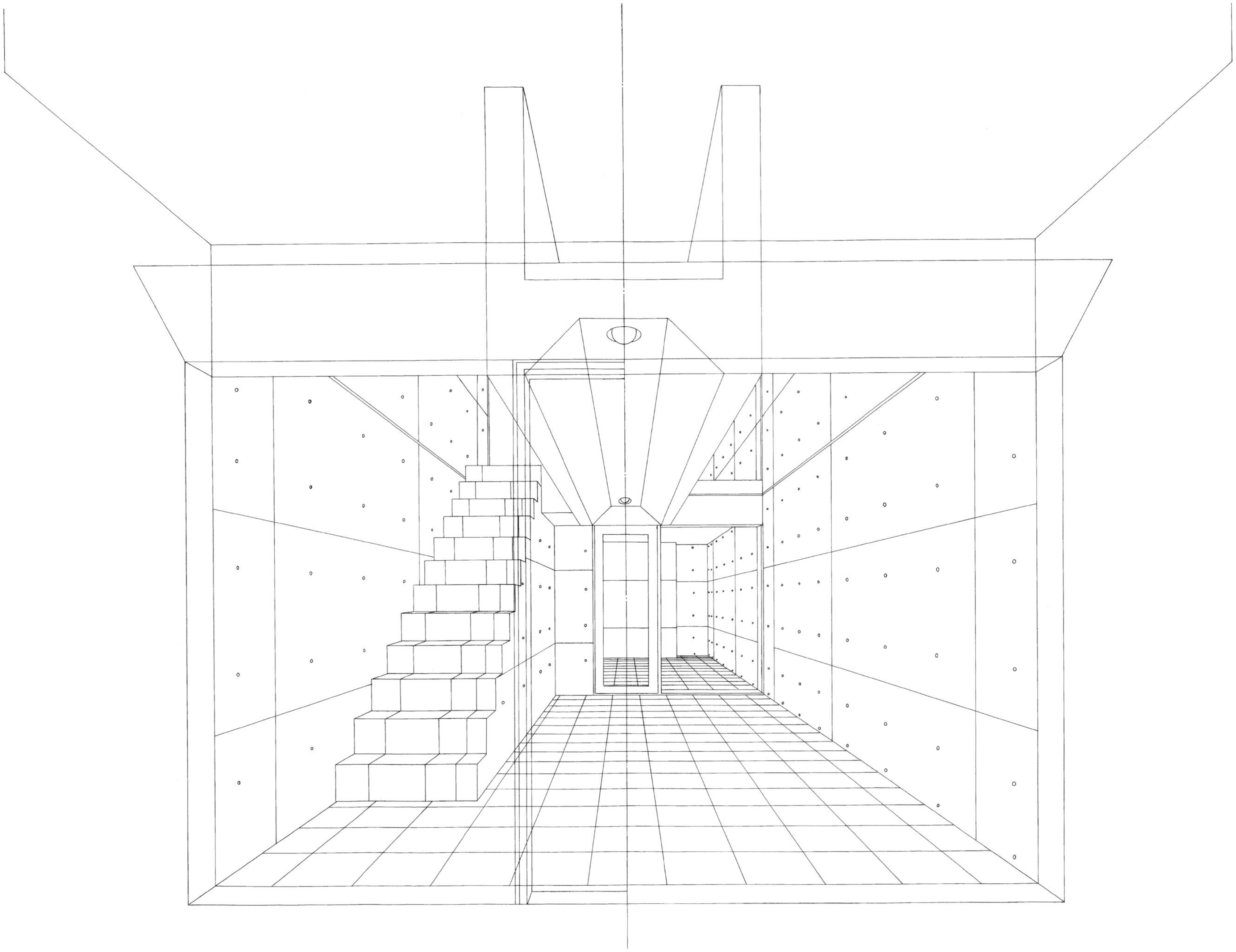

内部透视图

SUGAR
SULTA

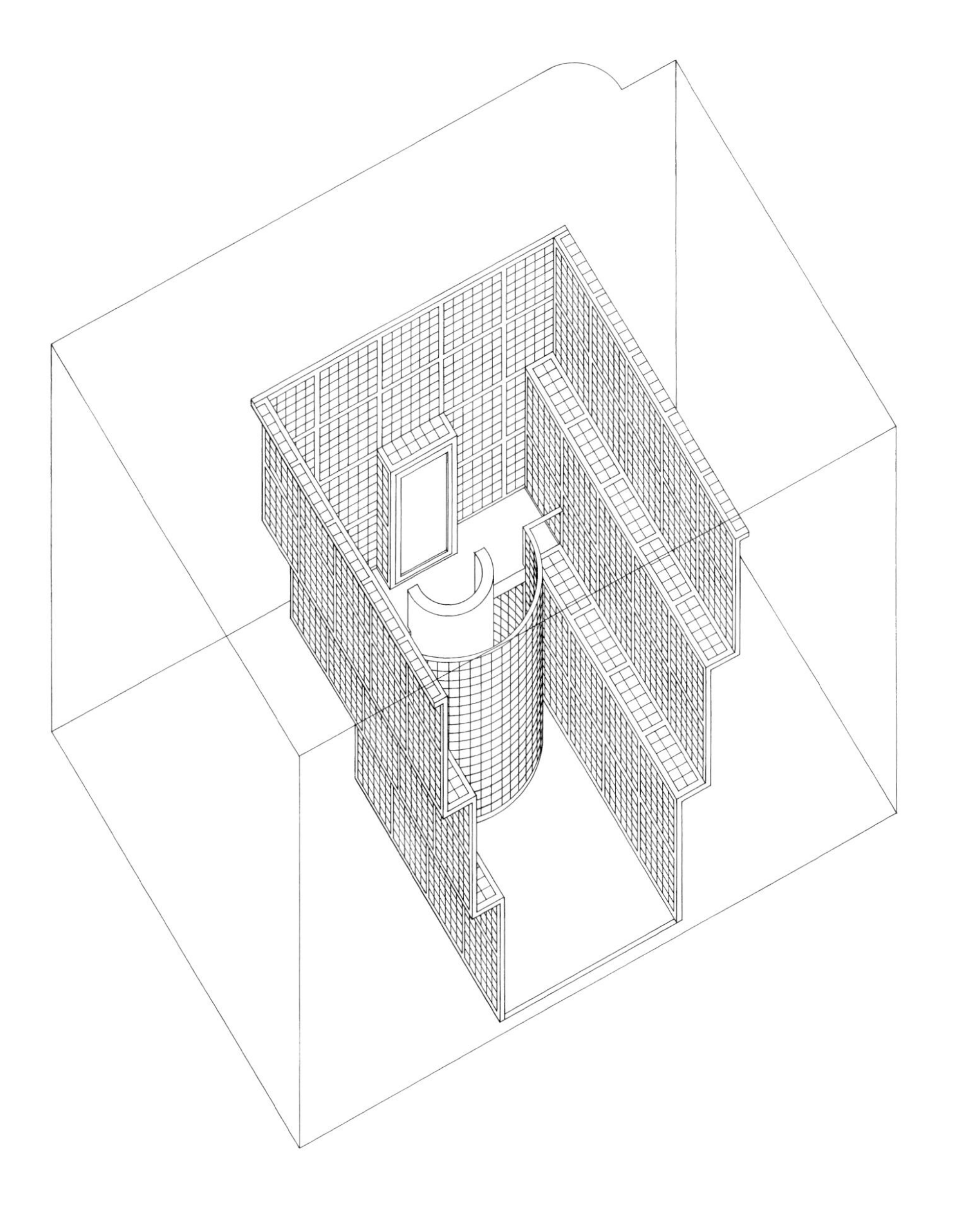

玻璃砖之家

日本，大阪，1977—1978

安藤说："通过把这栋房子封闭在混凝土墙内，并引入一个中央灯光庭院，我试图创造一个微观世界，其隐私将不受大阪旧城区喧嚣的干扰。"该建筑分三层，通过平面中的轴对称和剖面中上层的阶梯式凹陷，实现了区域的清晰衔接。设计的基本组成部分是由玻璃砖制成的内墙。半透明的玻璃墙将长方形建筑分成相等的空间和固体体积，并分散自然光线，照亮庭院和六个凹进的房间。半透明和不透明的玻璃既能允许足够的光线进入住宅，也在呈现出明显的外部世界存在的同时，阻挡开阔的视野并保护居住者的隐私。来自庭院的柔和阳光渗透到白天活动的房间里，而到了晚上，情况正好相反，来自房间的人造光线充满了庭院，把它变成了一个灯箱。

轴测图

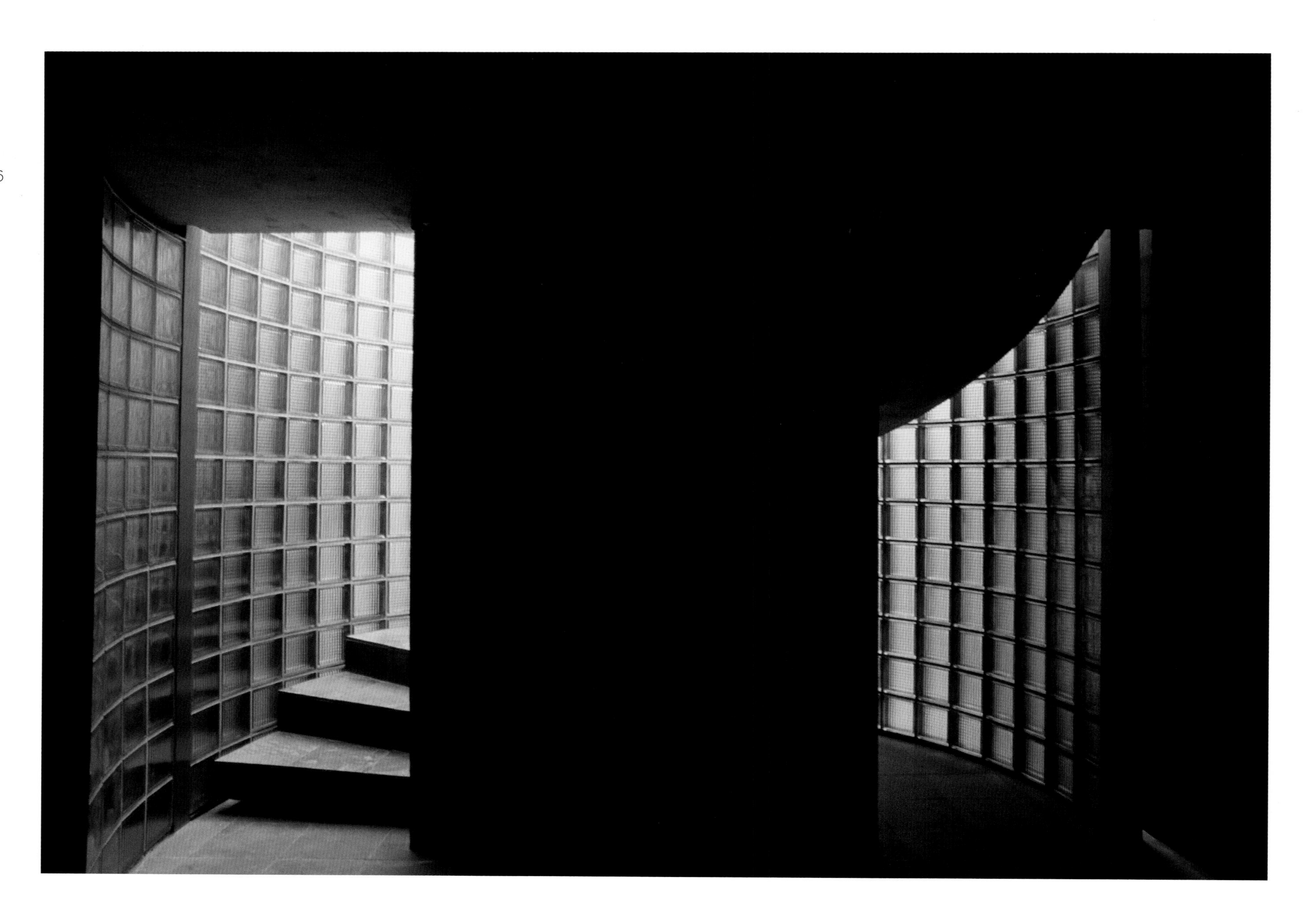

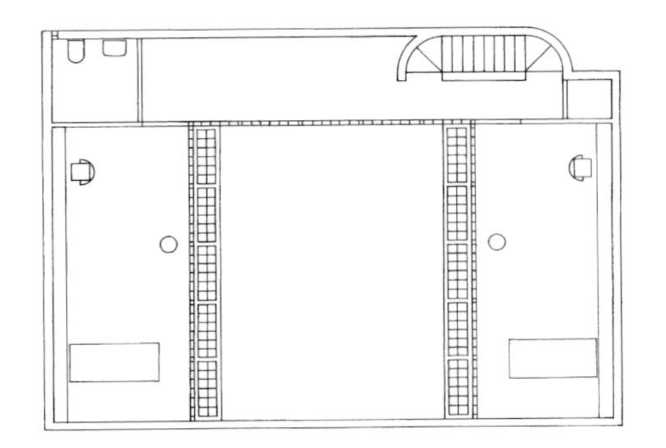

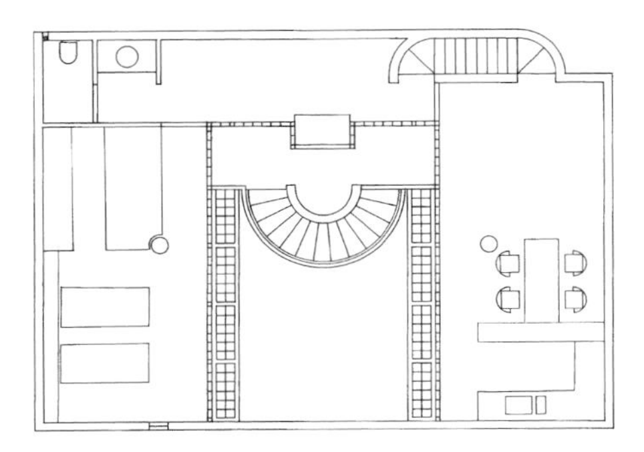

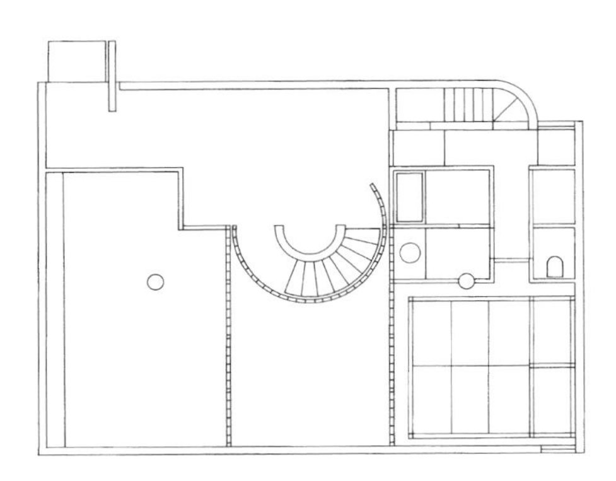

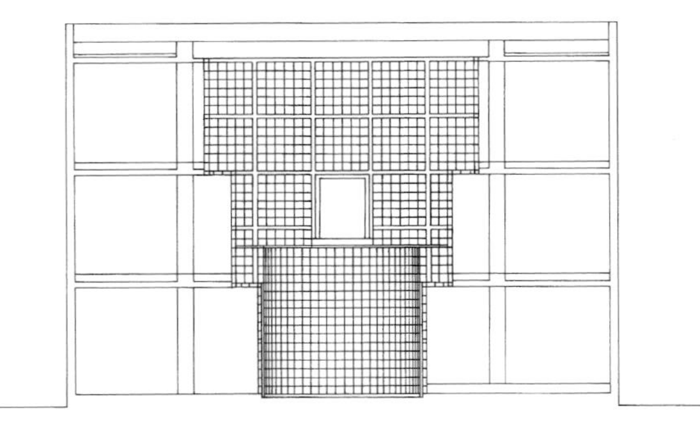

自上而下：三层平面图；二层平面图；
一层平面图；剖面图

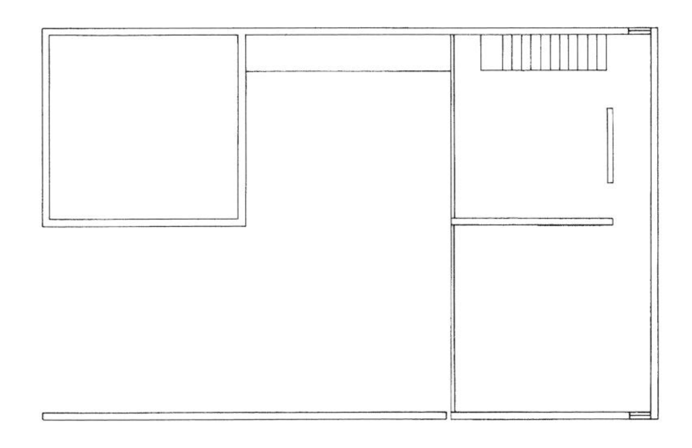

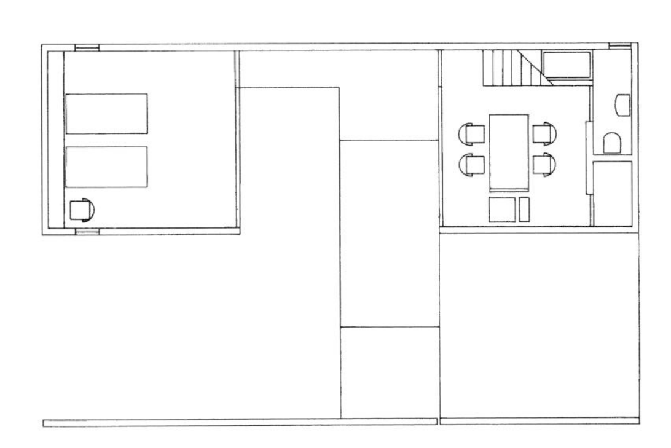

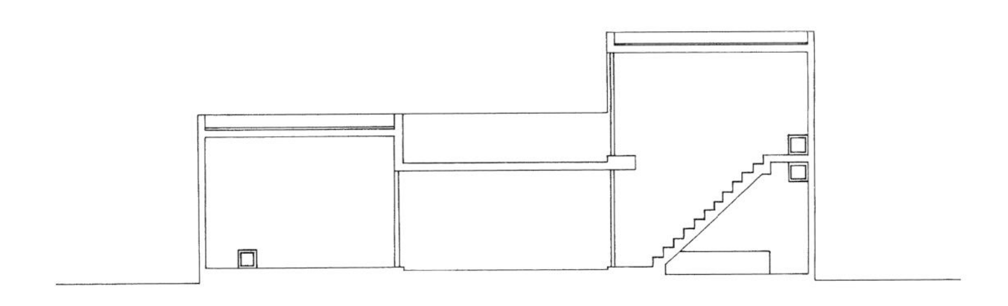

松谷宅

日本，京都，1978—1979，1989—1990（扩建）

这个较小的四口之家的房子，挑战了建筑简化所能达到的极限。所有材料，包括混凝土地板、墙壁和天花板，都被尽可能地简化了。安藤说：“我试图创造纯粹的建筑空间。建筑形式和我们所争取的空间之间的界限，已经达到了极限。建筑材料围成一个空间，只强调了开口和封闭的体积。楼面面积和高度，以及楼面面积和总体积之间的关系确定了开口的大小。”整个建筑由两个区域组成，中间隔着一个庭院。每个房间都是一个边长为 4.2 米的立方体。此外还有一个开放的工作室和一个开放的阳台。穿过庭院，人们可以来到位于一层的餐厅和主卧。客厅和儿童房在二层，面向南侧。在传统日本农舍和城镇房屋中常见的三合土区域为粗加工的混凝土地板提供了先例，这种地板从餐厅一直延伸到庭院。

自上而下：
二层平面图；
一层平面图；剖面图

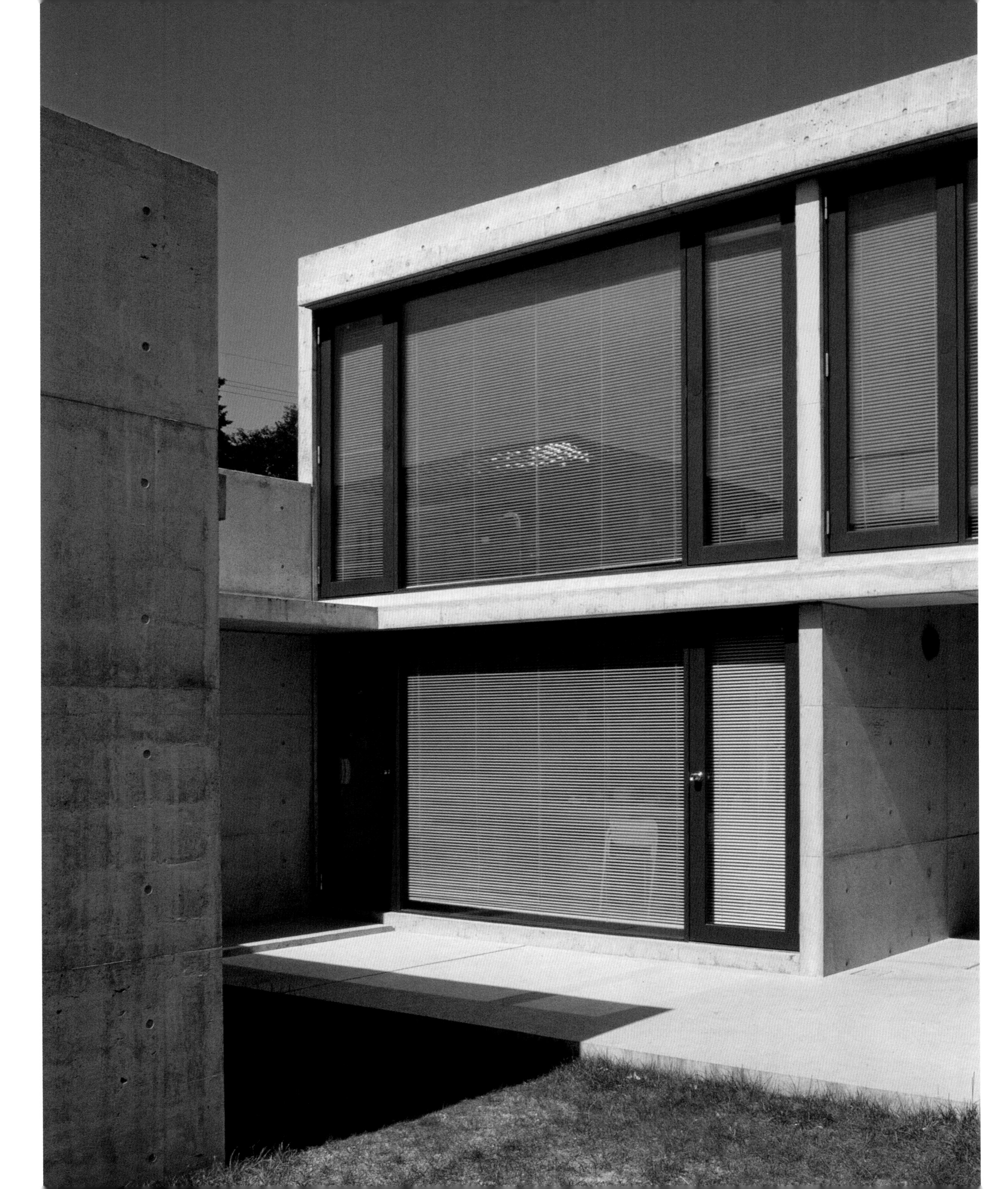

45

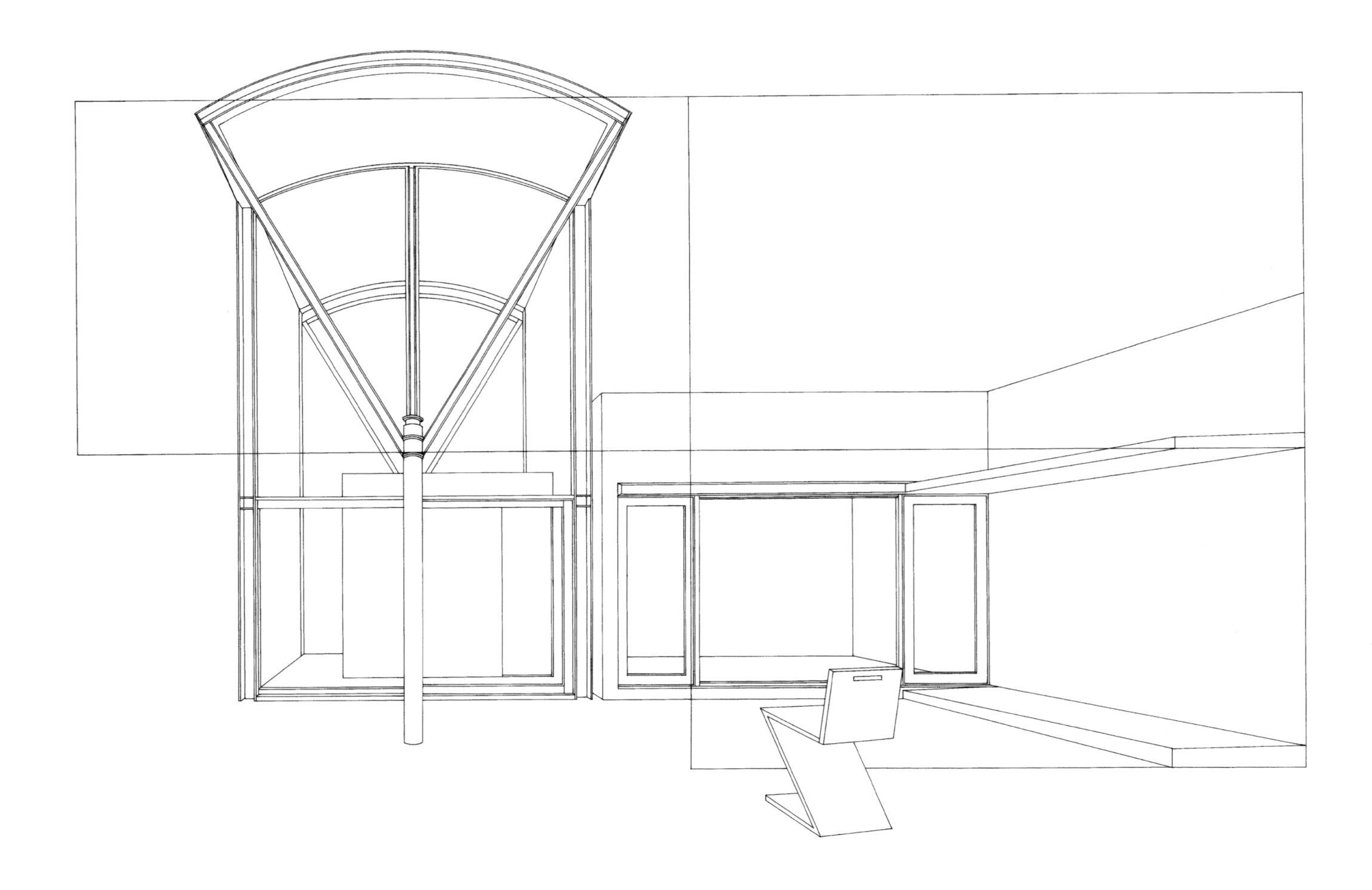

扩建部分的透视图

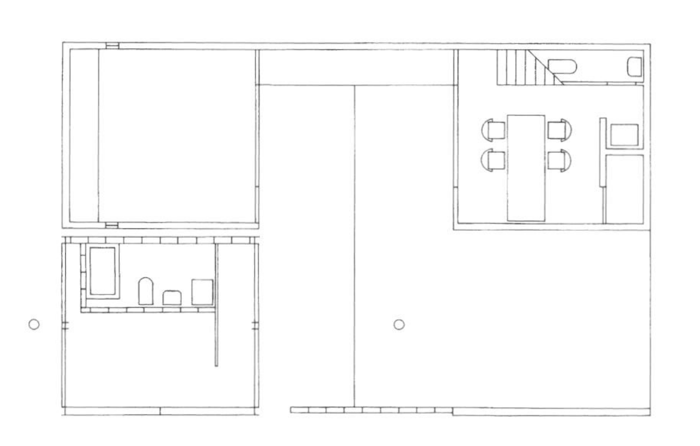

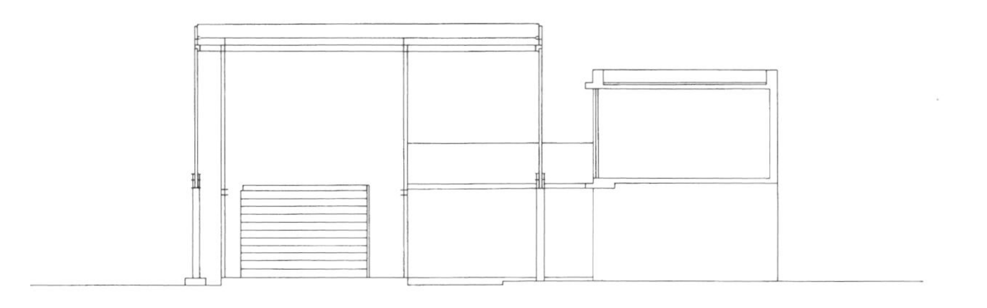

自上而下：
一层平面图（含扩建部分）；剖面图

小筱宅

日本，兵库县，芦屋市，1979—1981，1983—1984（扩建）

这座房子坐落在兵库县芦屋市的一片青翠的山坡上，靠近神户。这是日本一位著名时装设计师的居所。安藤解释道："我们旨在利用当地优越的自然环境，以及高度自由的设计方案，在建筑和基地之间建立一种关系，使建筑与周围自然环境协调，同时拥有自主性。"由此产生的构图很简单。在避开散落在场地上的树木的同时，两个不同高度的混凝土矩形体块以半埋模式并置。矩形体块的长边与场地的斜坡平行，它们通过一条下沉通道连接。中间体块的一楼是起居室和餐厅，二楼是主卧室。另一个体块是六个被墙隔开的私人房间。位于两个体块之间的跌落式庭园，连接着二楼的主卧室和私人房间的屋顶。它作为一种装置，提供了一个广阔的起居空间。在矩形体块内部，每个空间都通过控制外部景观被赋予了特色，如允许强光射入狭长的窗户和通过大窗户将花园景观引入室内。安藤说："我们的目标是，通过彻底净化建筑元素，来建造一座彰显自然力量的房子。"

1983—1984 年，又增建了一座工作室。与现有部分的两个矩形体块不同的是，扩建部分被围墙包围，呈近四分之一圆。围墙阻挡坡面并围合空间。天花板有一条狭长的弧形天窗，将强有力的阳光投射于混凝土墙上。扩建部分的鲜明特征增强了这座住宅的建筑完整性。

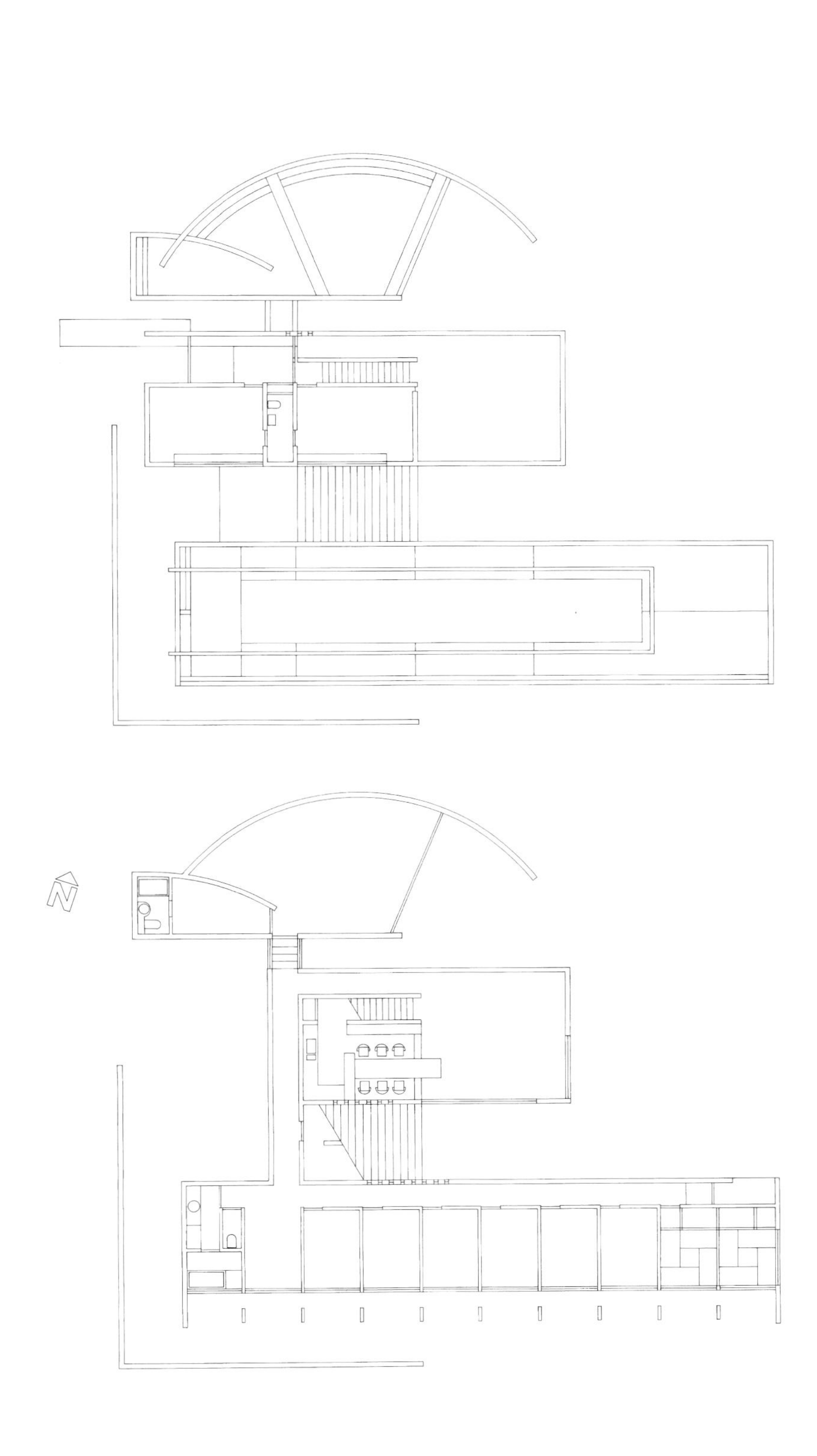

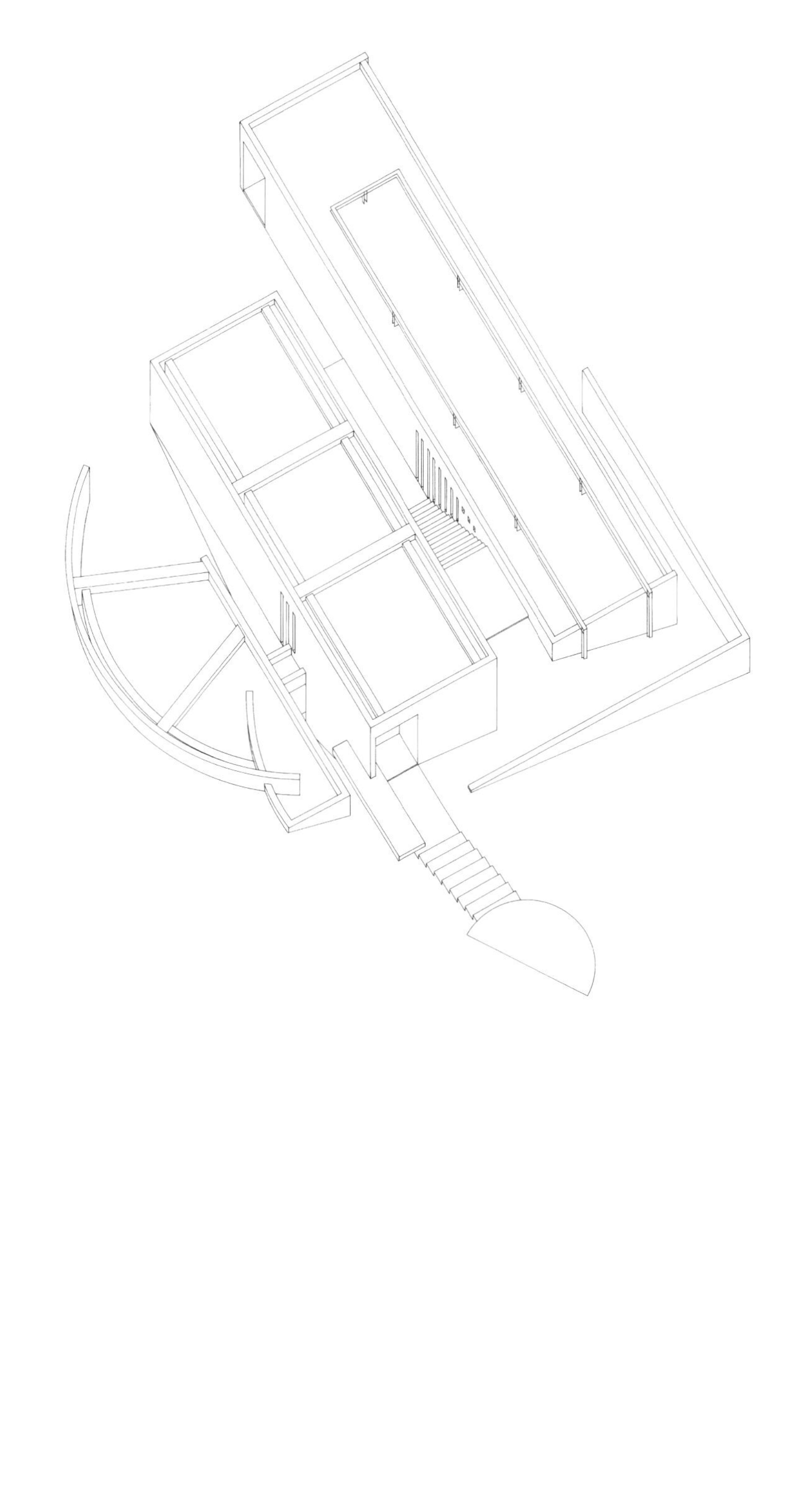

左上至左下：二层平面图；一层平面图
右上：轴测图

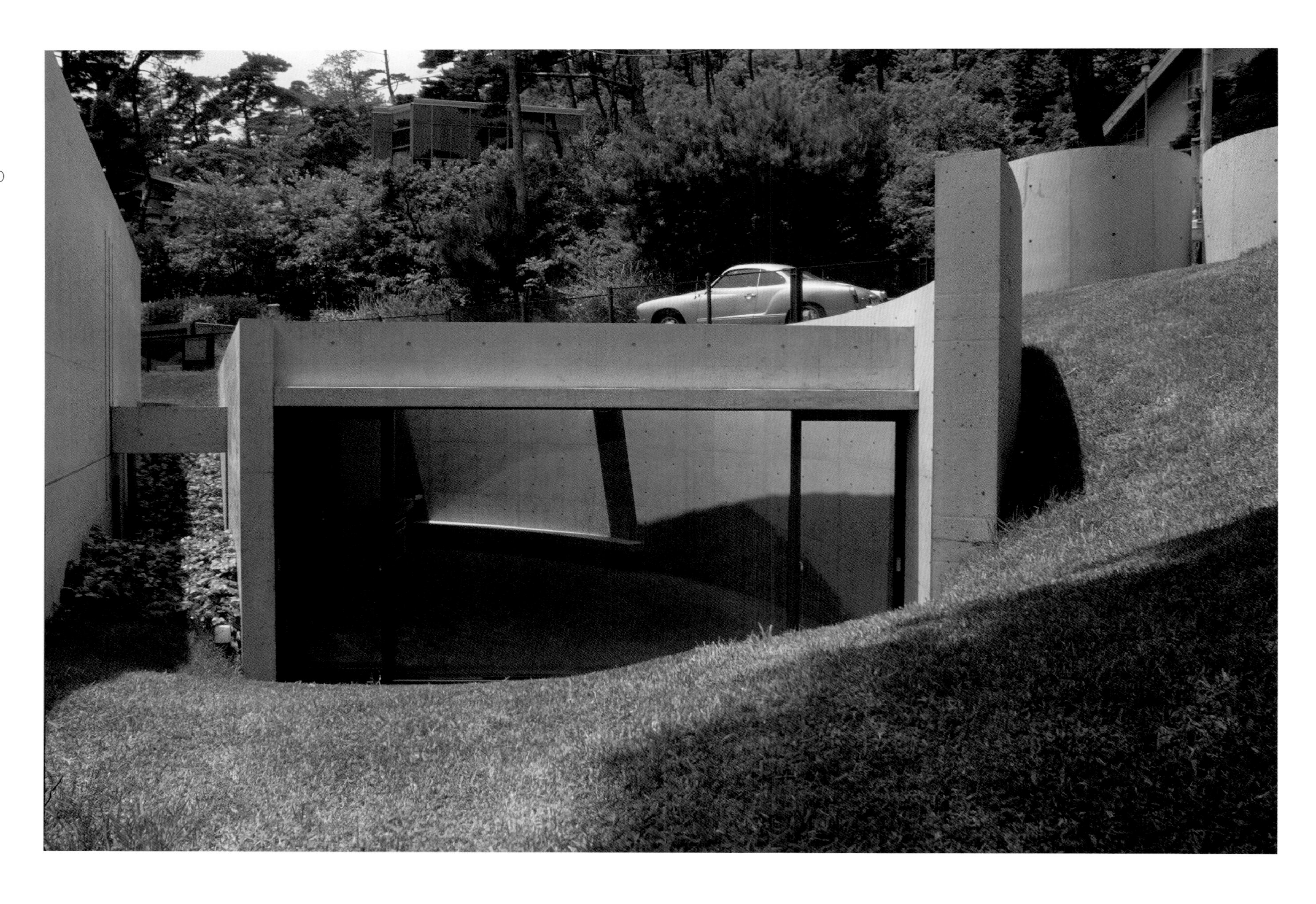

PENTAX
PENTAX

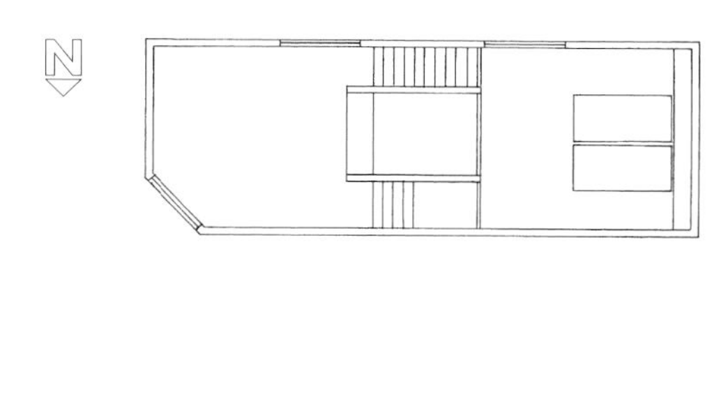

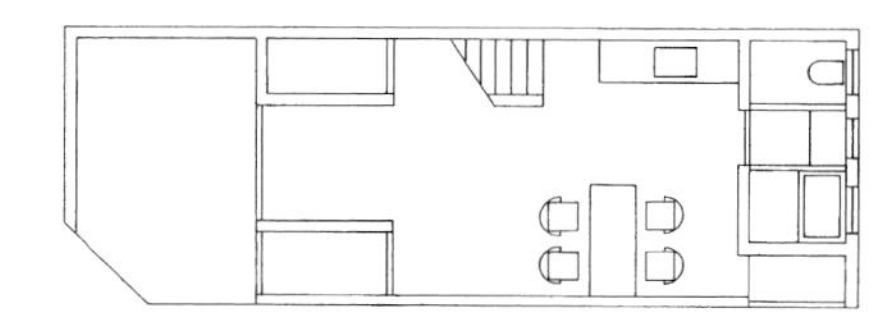

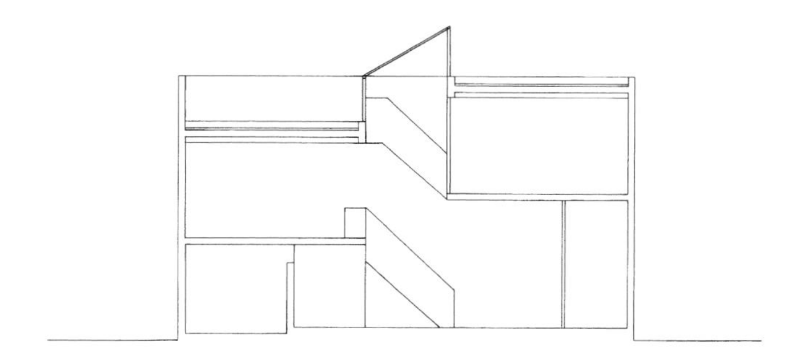

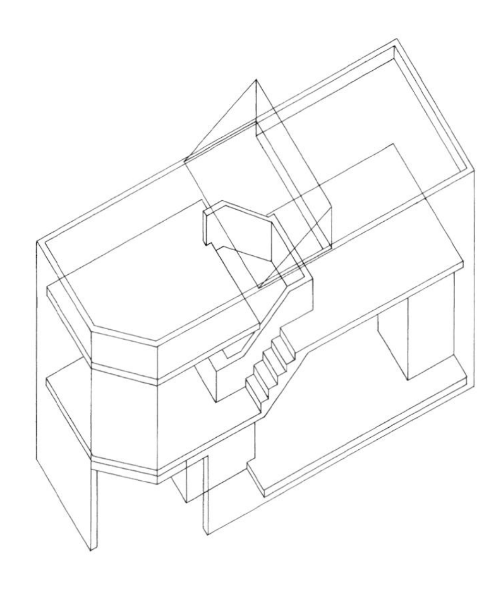

富岛宅

日本，大阪，1972—1973

安藤说："这是我在 1969 年开设自己的工作室后，设计的第一栋建筑。"它原本是为安藤学生时代的一位拥有四口之家的朋友设计的。该项目位于大阪市中心，是从第二次世界大战前建造的一排长屋的一端切割下来的一块狭窄的 55 平方米的土地。安藤解释说："我沿着场地外围筑墙，以营造一个不受周围噪声干扰的内部避难所。"这座三层建筑的中心是一个有三层楼高的中庭。阳光透过中庭的天窗射入室内。窗户被限制在有限的数量内，用于照明、让阳光直射和通风。建筑师解释，这里研究的是光的质量而不是总量。室内空间仅通过从天窗进入的光线与外部相连，这些光线通过中庭照亮了每一层的房间。安藤总结道："这种直射光线在穿过交错的楼层——包含卧室、起居室和餐厅——时变得柔和，在建筑的空白围墙内，赋予了生活一种自然的节奏。"

自上而下：
二层平面图；一层平面图；
剖面图；轴测图

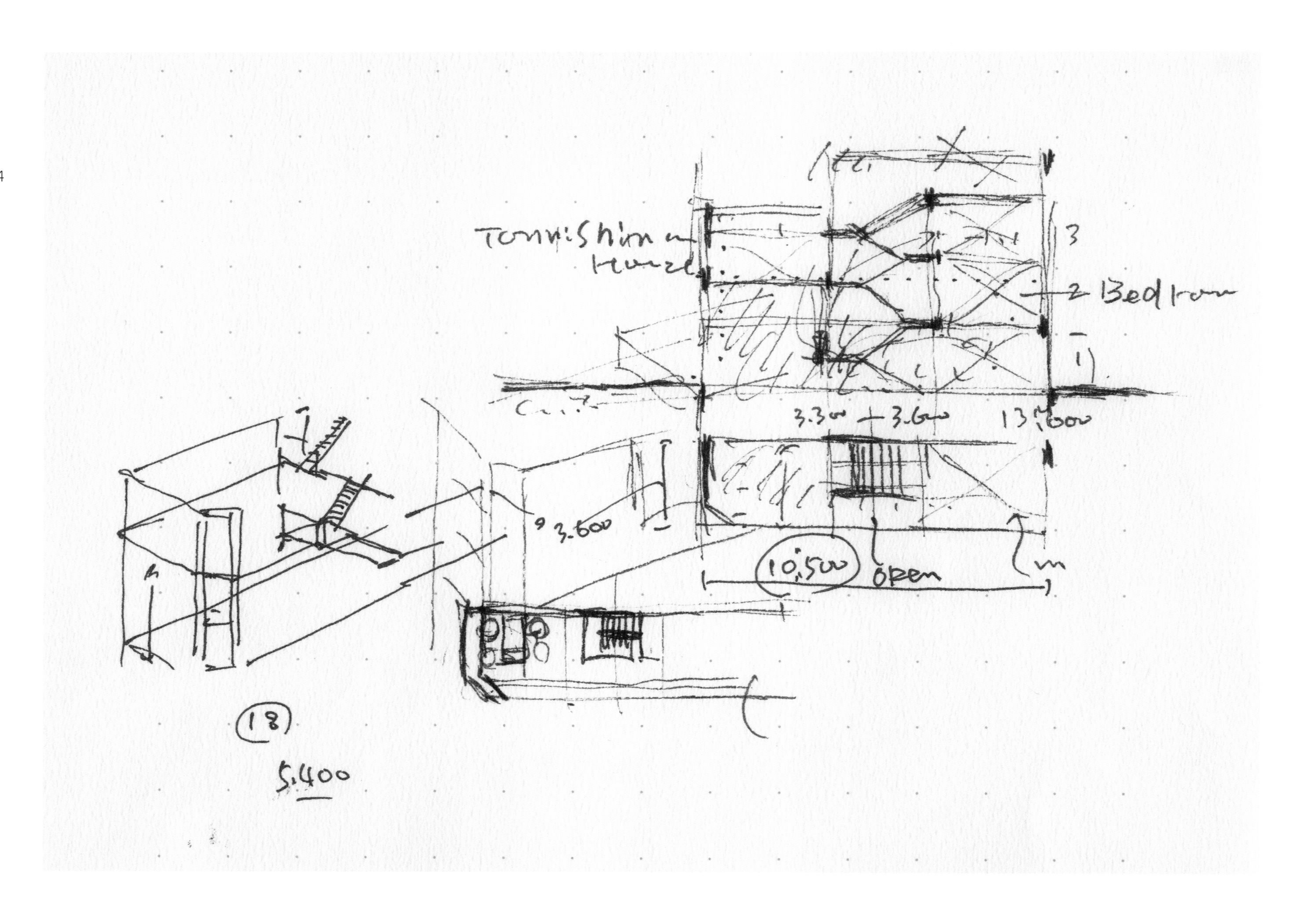

I 期扩建研究草图

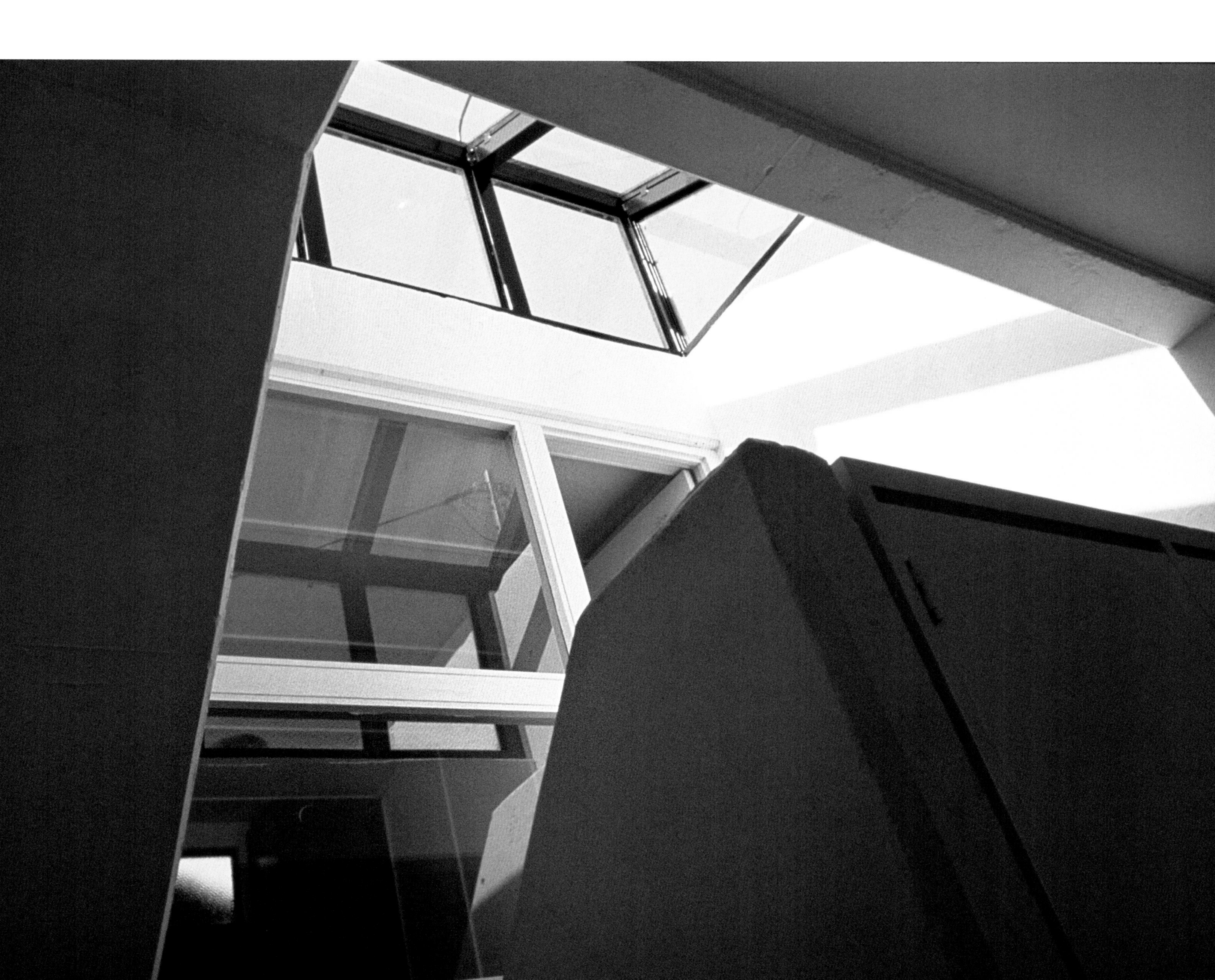

大淀工作室 Ⅰ

日本，大阪，1980—1981（Ⅰ期），1981—1982（Ⅱ期），1986（Ⅲ期）

安藤表示：“这座建筑（以前是富岛宅）代表了我第一次设计工作室的尝试。后来，这栋楼的所有权转让给了我，我把它改造成了我的工作室。其中包括通过向邻近基地扩张和增加高度来扩大规模。”第一次扩建是在混凝土箱体的顶部架设一个钢架。这个框架安装了磨砂玻璃，创造了比旧天窗更柔和的室内照明，建筑内部的楼层也增加到五层。第二次扩建是在邻近的一块土地上进行的。在原有的建筑中，光线通过一个空隙从顶层落到底层，照亮各个楼层，形成空间特征。第二次扩建提出了一个不同的解决方案。它部分被一个弯曲的墙体包围，其形状是基于一个直径非常大的圆。场地最里面是一个庭院。为了让空间产生变化，安藤在相邻的两面墙中插入了一面独立的墙壁，其支撑方式使其看起来像是悬挂在庭院里一样。第二个扩建方案的外部，由三面盲墙和临街的大玻璃表面组成，随着时间的推移，空间会发生微妙的变化。

1973

1981

1982

1986

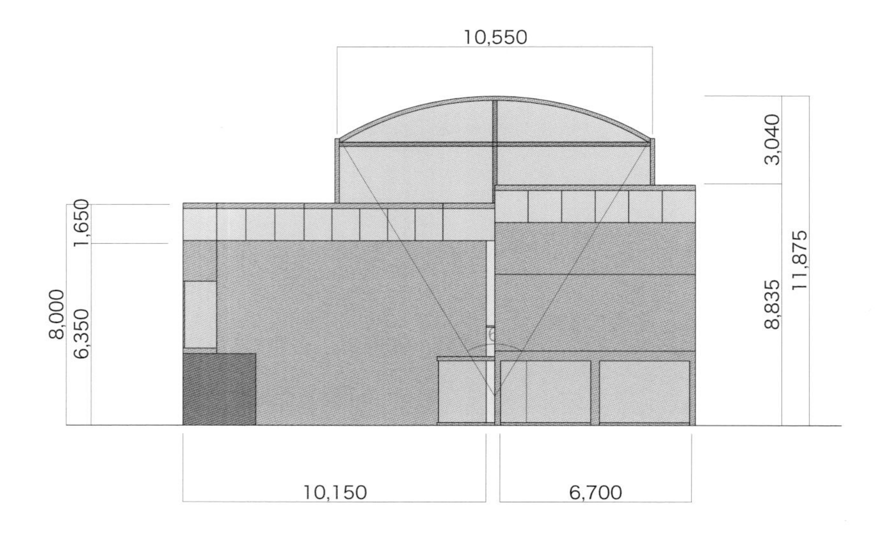

每一期的立面图和屋顶平面图
底部：最终阶段的立面图

BRUTUS
CASABELLA

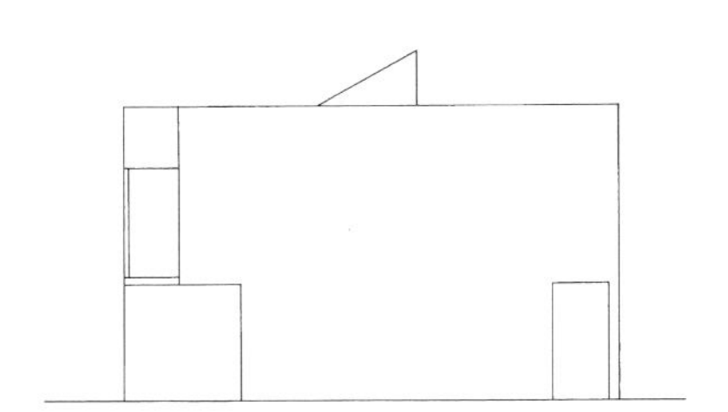

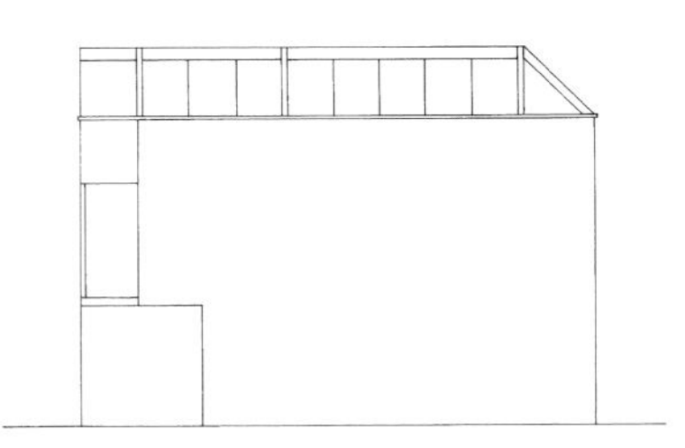

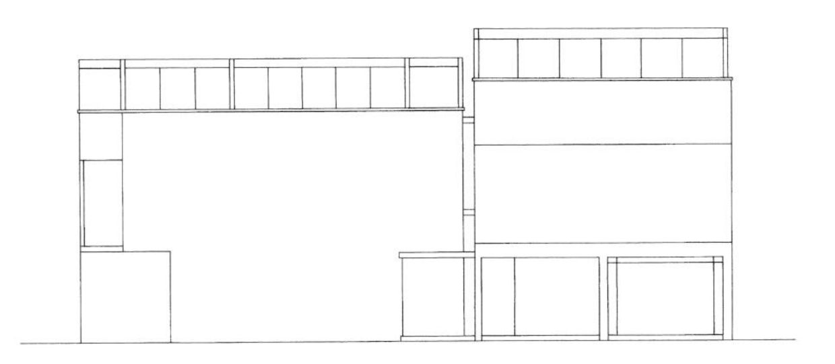

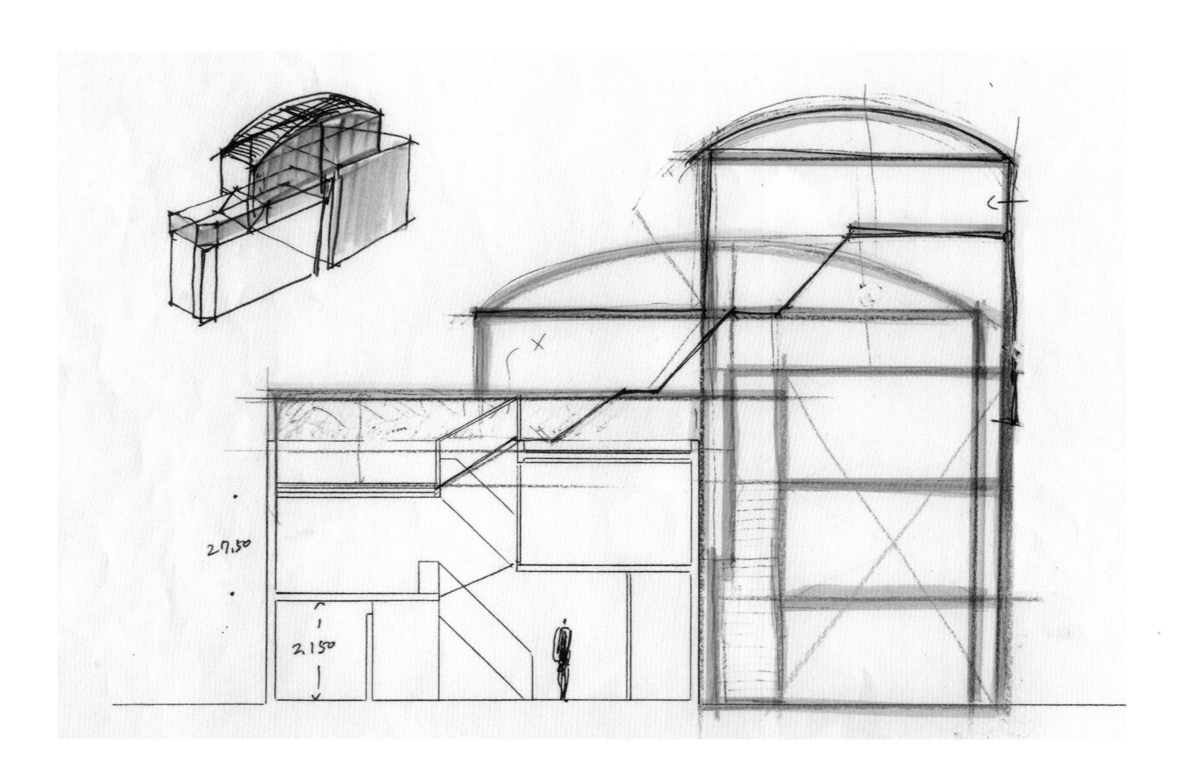

左上至右上：
Ⅰ期立面图；Ⅱ期立面图；Ⅲ期立面图
底部：扩建过程的研究草图

大淀工作室 II

日本，大阪，1989—1991

安藤说：“1991 年春天，我拆除了曾经用作工作室的建筑，重新建了一个面积为原来两倍大的新工作室。我的目标是克服狭窄的、不规则的 115 平方米的场地限制，打造一个丰富的空间。”新建筑地下有两层，地上有五层，地上设有一个五层楼高的中庭，随着高度的上升，中庭也逐渐扩大。通往楼上的凹槽式楼梯，为空间带来了动态变化。阳光从天窗进入，到达建筑的底层。有时，中庭可以作为即兴演讲大厅，演讲者可以使用楼梯作为讲台。这种非常规功能的引入，使完全围绕着完成日常工作规划的工作场所变得更有活力。

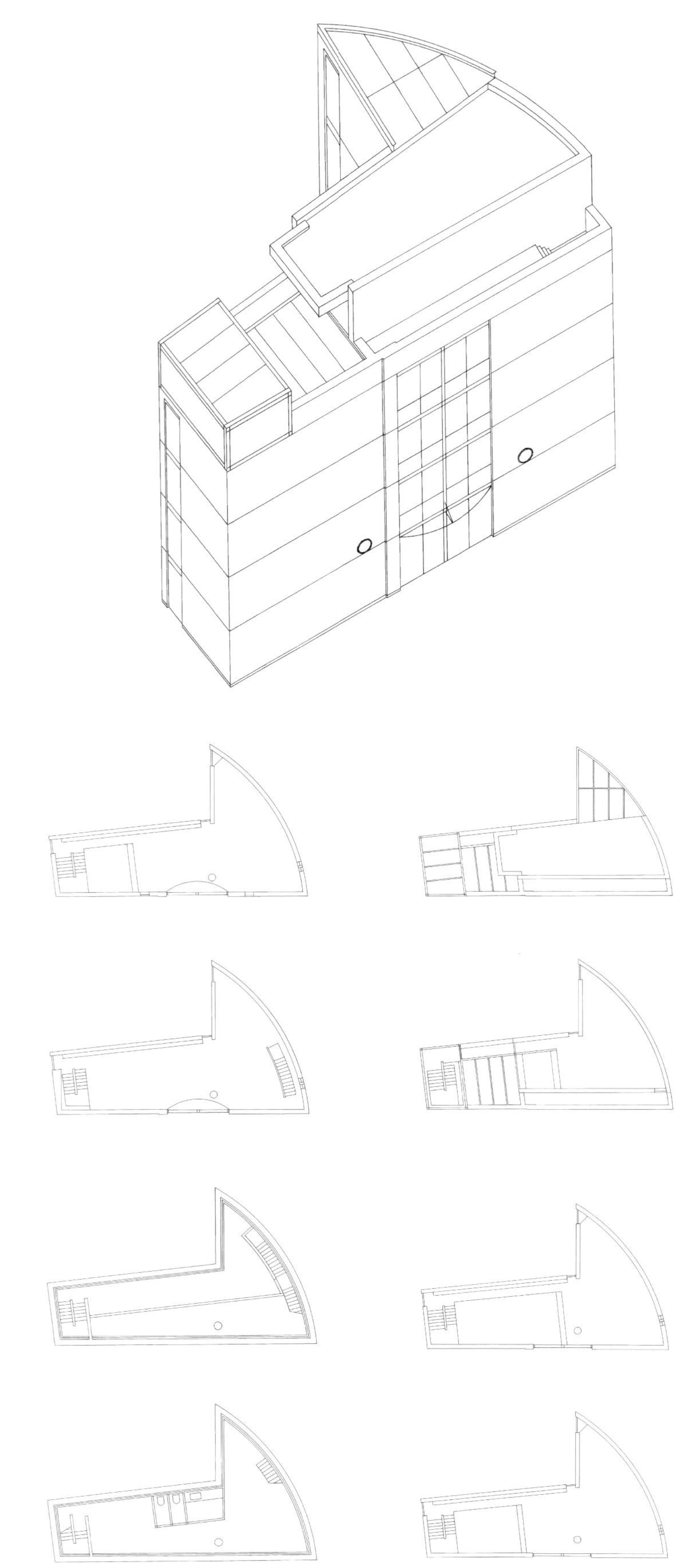

轴测图和平面图

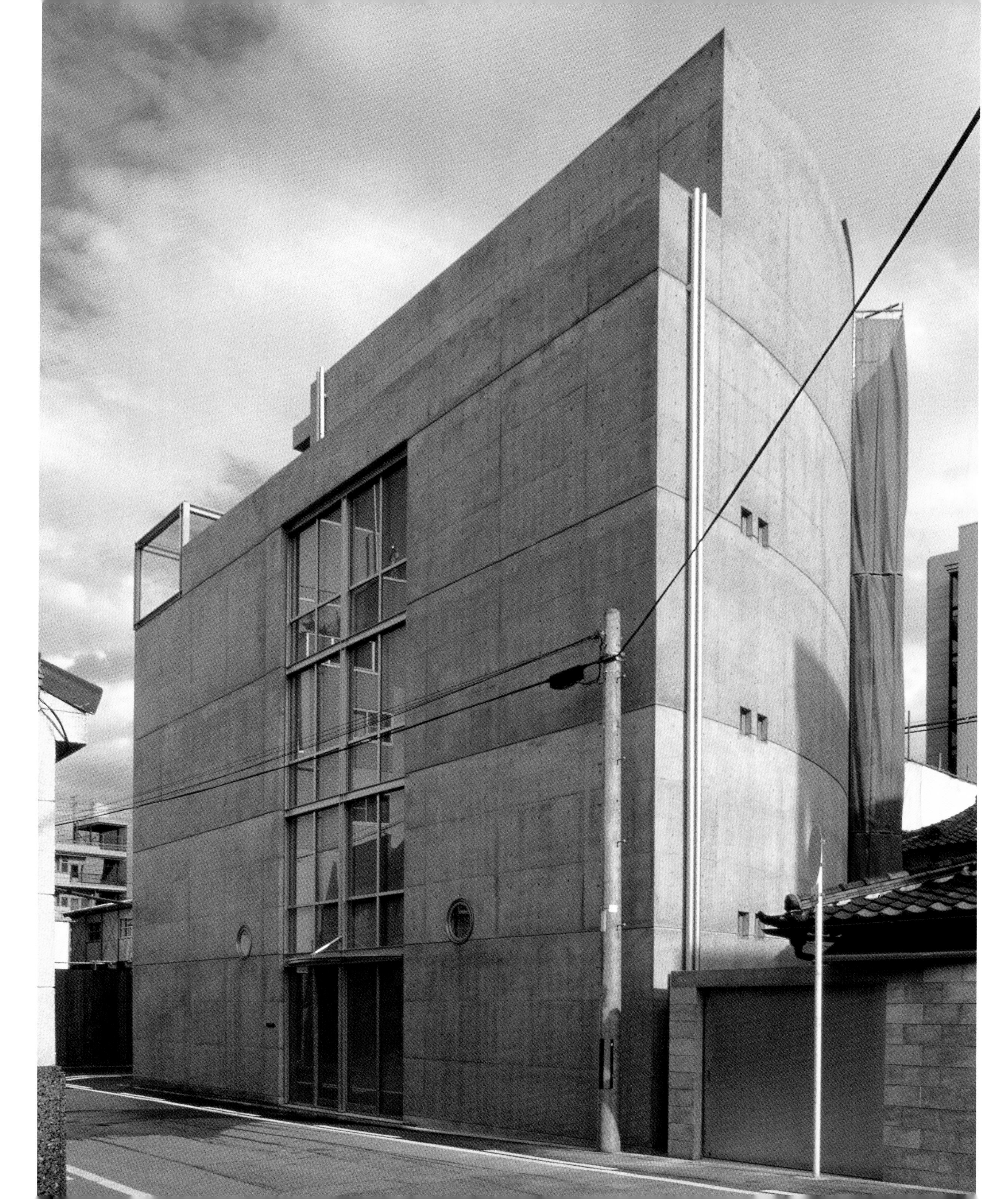

PICASSO – GUERNICA
GOYA
ARCHITECTS
BAUHAUS
GIACOMETTI
LEONARDO DA VINCI
LEONARDO DA VINCI
VILLAGE

大淀茶室（饰面板茶室）

日本，大阪，1985

这个茶室是在现有木造长屋的基础上扩建的，从外表看不出它的存在。新建筑内部的地板、墙壁和天花板主要采用了日本椴木饰面。当人们穿过老建筑接近茶室时，会突然被吸引进去。建筑师解释说：“老建筑是通往独立世界——茶室的通道，它的功能与茶庭相同。在这个过程中，人们会经历许多表达方式的反转。”安装在茶室入口和茶室六面的各种装置——地板、墙壁和天花板——旨在赋予这些简单的功能一种更深层的意义。这个茶室的规模参考了妙喜庵的茶室[1]。人们通过陡峭的室内楼梯进入饰面板茶室。茶室内部是一个边长为 239 厘米的立方体，上面有一个圆锥形吊顶。空间大小由柱子和横梁决定，横梁比妙喜庵茶室的低 10 厘米。这是因为在妙喜庵，人们是通过躙口[2]进入茶室，故茶室的地板高于地面，但是此处人们直接进入茶室，所以地板要比妙喜庵低。茶室的墙上挂着一扇百叶窗，黄昏时分，阳光在窗帘上投下斑驳的阴影。椴树面板传达出的暖意使得空间与砖墙茶室的空间有着不同的韵味。

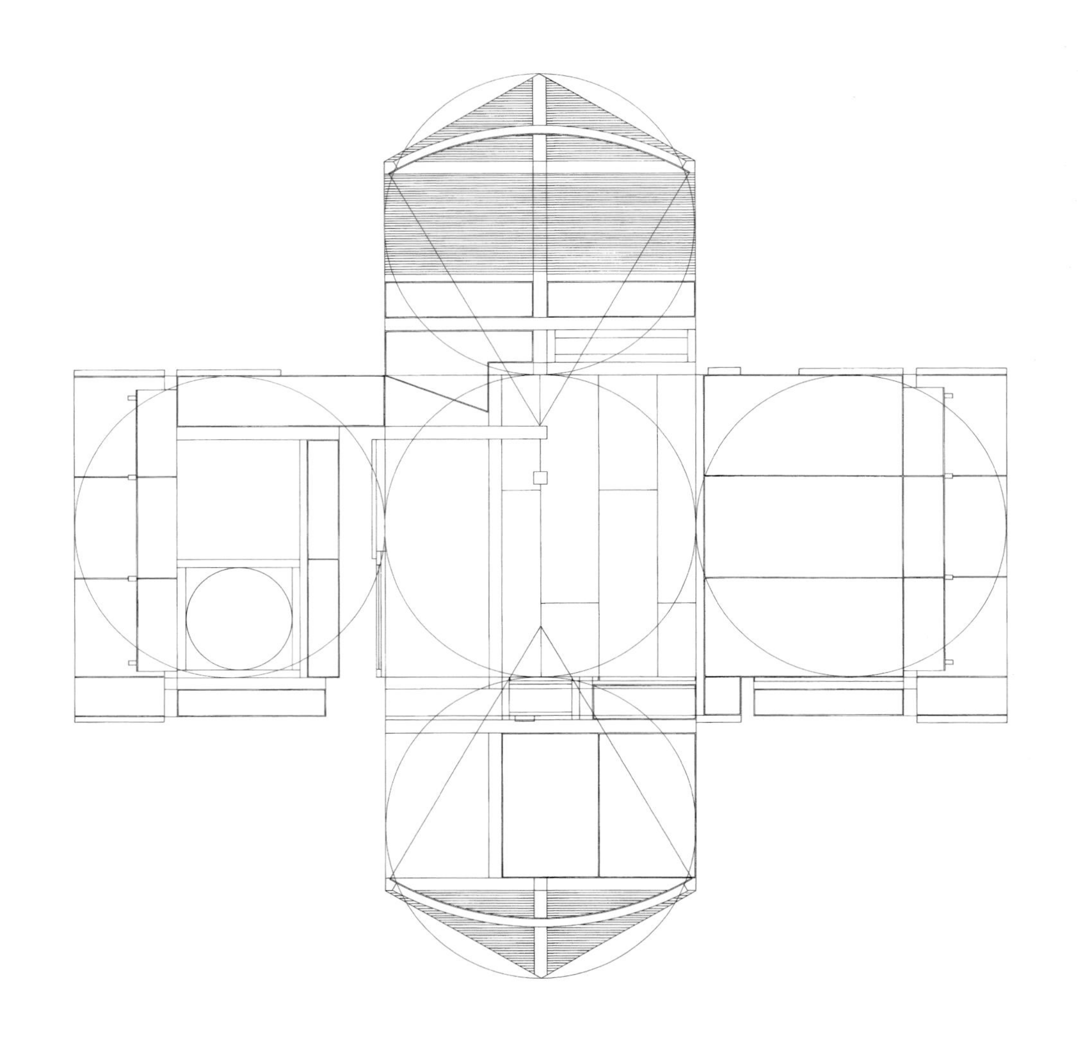

内部立面图和平面图

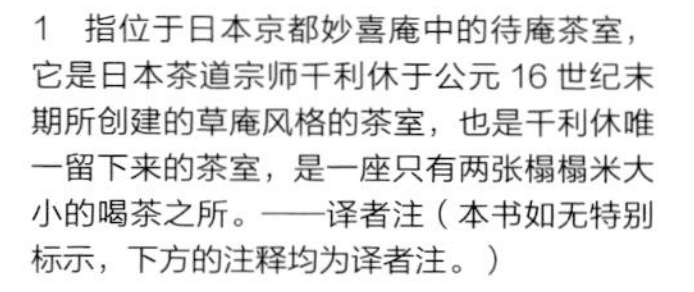

1 指位于日本京都妙喜庵中的待庵茶室，它是日本茶道宗师千利休于公元 16 世纪末期所创建的草庵风格的茶室，也是千利休唯一留下来的茶室，是一座只有两张榻榻米大小的喝茶之所。——译者注（本书如无特别标示，下方的注释均为译者注。）

2 躙口是草庵茶室最大的特征之一。60—70 厘米见方，是一个不弯下身子就进不去的入口。它体现了众生平等的精神。

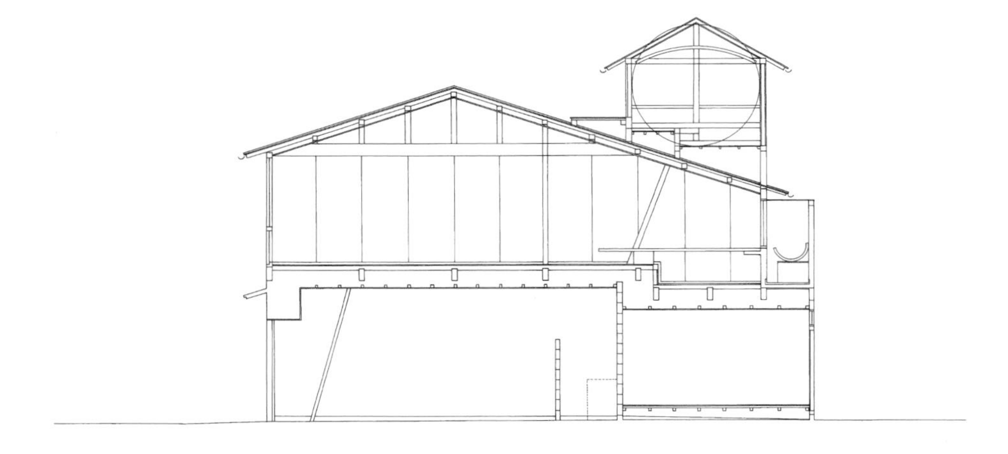

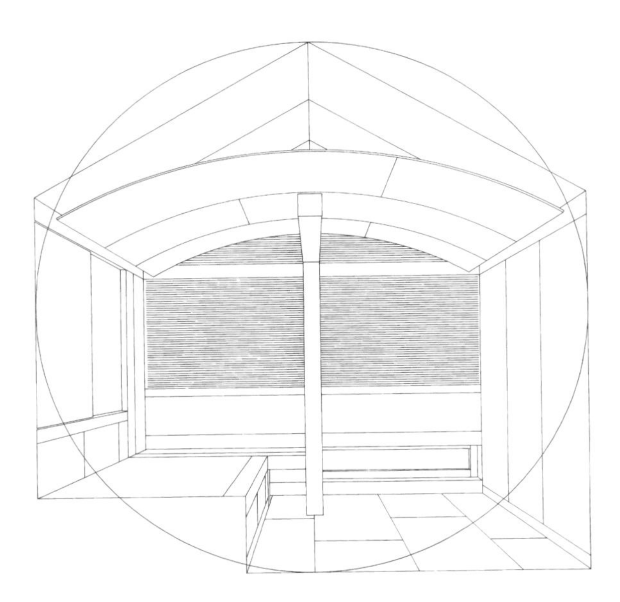

室内剖面图和透视图

大淀茶室（砖墙茶室）

日本，大阪，1985—1986

这个砖墙茶室是对大阪的一座老式木造长屋的一楼进行的改造。它由一个长 280 厘米、宽 140 厘米、高 200 厘米的矩形空间组成，使用的混凝土砖尺寸为 20 厘米 ×20 厘米 ×40 厘米。安藤说：“在这个项目中，我试图创造一个以混凝土砖为唯一材料的空间。无论是墙壁还是地板，我都使用了看起来很坚硬的清水混凝土砖。”光线穿过刻有银杏树叶图案的乳白色玻璃，投射到砖块上。虽然空间很小，但在这个有限的空间里，出现了某种秩序。砖块的物质性被中和了，参观者被邀请到了一个冰冷而庄严的精神世界。

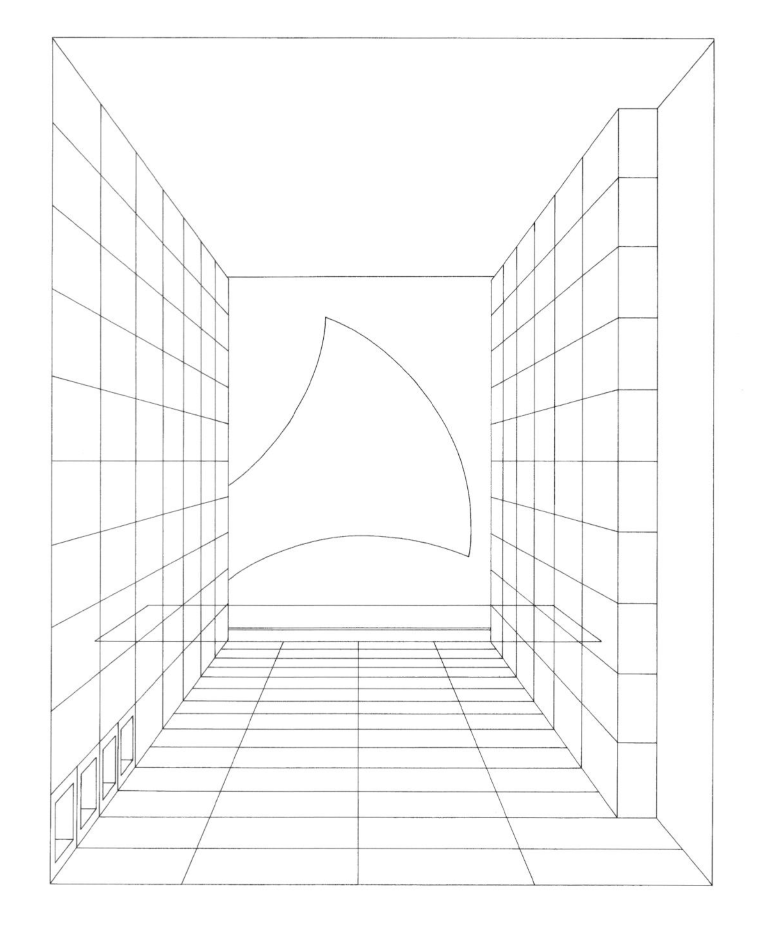

室内透视图

大淀茶室（帐篷茶室）

日本，大阪，1987—1988

帐篷茶室建在一个旧木屋的屋顶上。建筑师说：“它让我们联想到一个轻轻降落在屋顶上的方形气球。”这个由钢架建造的茶室看起来小巧而脆弱，仿佛一阵风就能把它吹走似的，但它是一个充满“亲密意向”的空间。钢架、玻璃地板、天花板、帐篷屋顶，以及可上下卷动的帘子组成了一个临时的空间。帐篷茶室胜在材料的自由选择。从一开始，建筑师就有意排除了日本传统建筑常用的材料。安藤说：“我使用的材料——钢框架、玻璃和帐篷帆布，在日式建筑中是新颖的，但 5 尺 8 寸[1]的传统日本模块是根据内部尺寸和天花板的高度进行调整的。只有这个方形的尺寸模块，才赋予空间一种传统的感觉。”无论材料、装饰和构成多么陌生，这个空间都被一种特殊的感觉所支配，这种感觉深深植根于日本人的潜意识中。

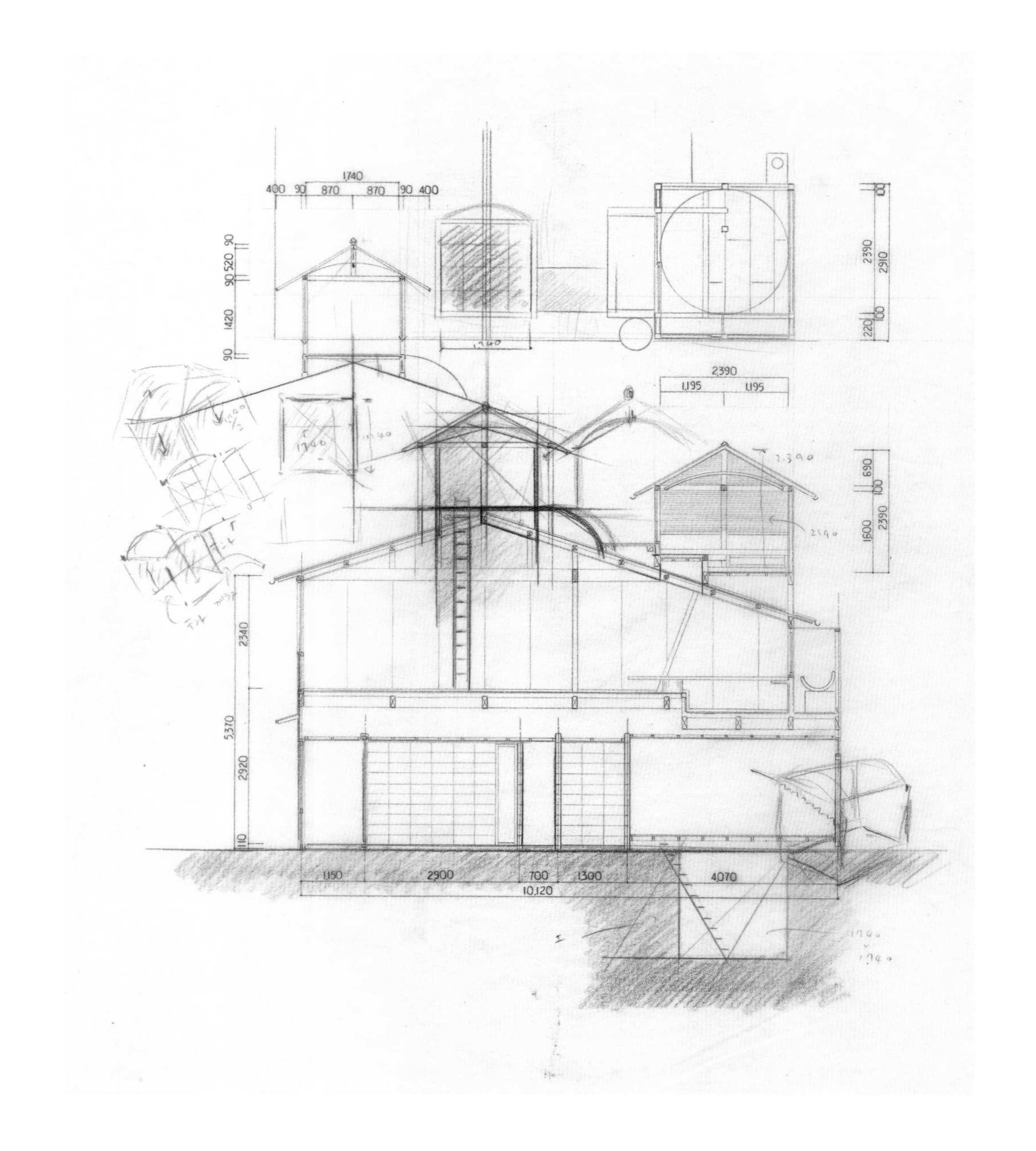

三个茶室的整体横截面图

1　5 尺 8 寸是日本关东地区榻榻米的标准尺寸。一张榻榻米为 5 尺 8 寸 ×2 尺 9 寸（约 176 厘米 ×88 厘米）。

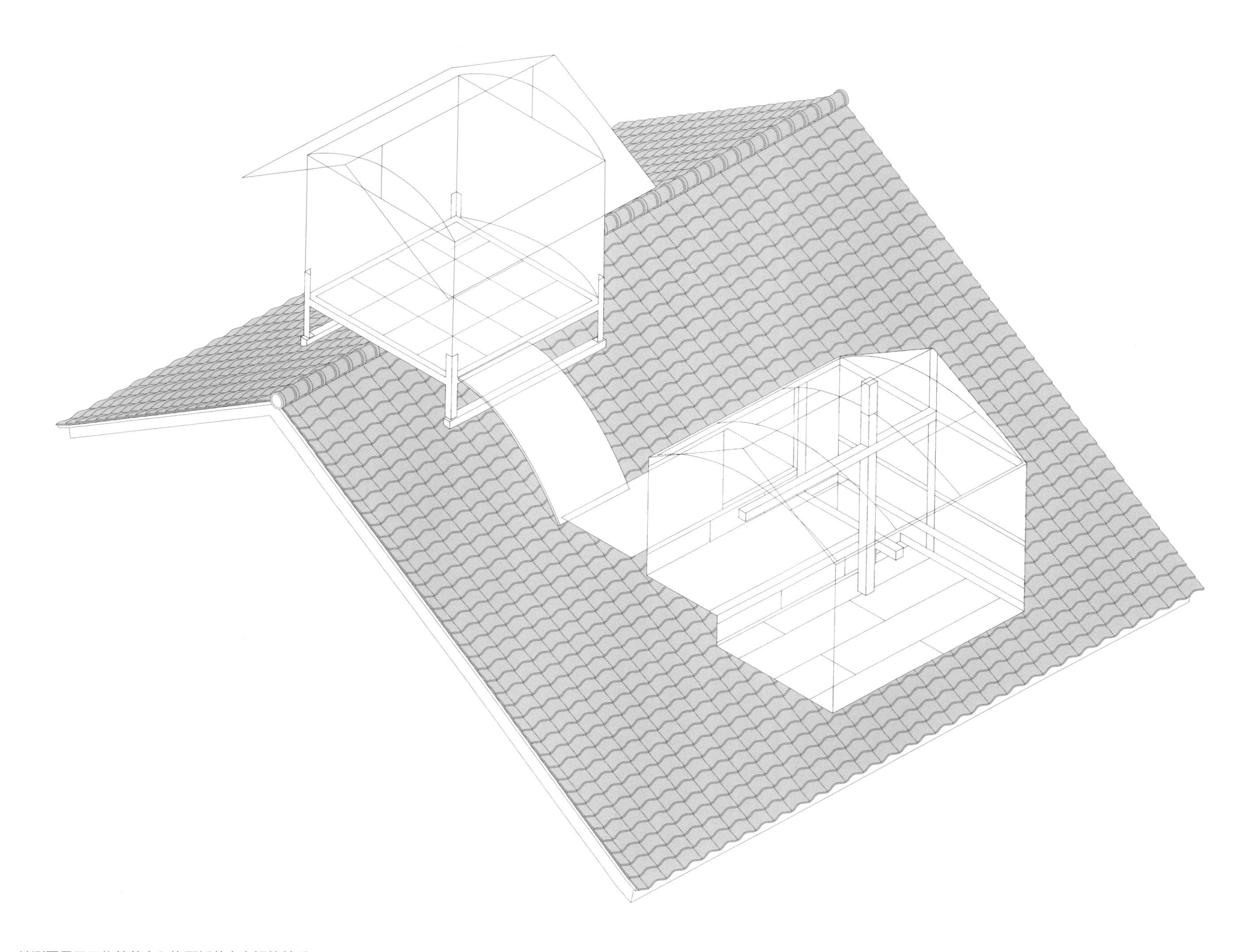

轴测图显示了帐篷茶室和饰面板茶室之间的关系

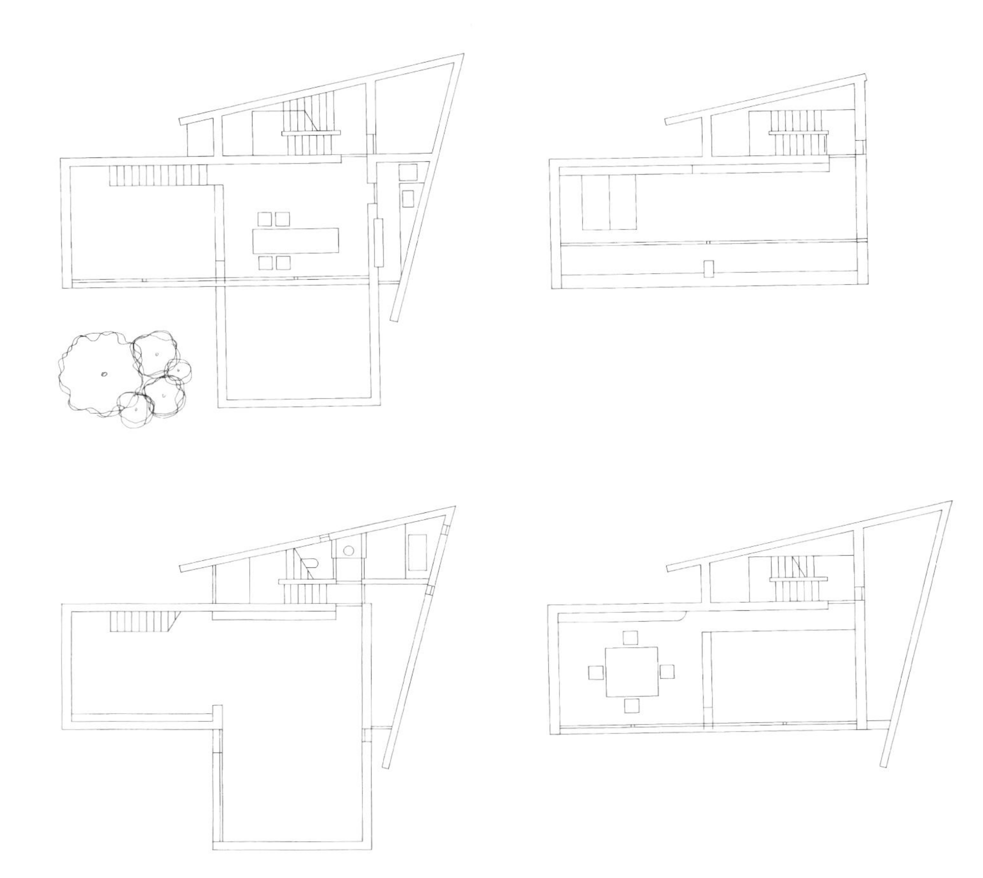

大淀工作室附属建筑

日本，大阪，1994—1995

这是大淀工作室Ⅱ的附属设施，位于街对面，包括宾馆设施。它由一个L形的混凝土盒子组成，这个混凝土盒子围绕着一个院子，墙壁呈锐角，与场地的不规则形状相一致。每一层的服务空间，如楼梯、供水设施和储藏室，都被安置在由锐角墙壁定义的空间中。L形混凝土盒子分为顶层的客房和从地下室到二楼的三层起居空间。由于空隙和露台的存在，每个空间都向中央庭院延伸，庭院中央有一棵樟树。在这里，建筑师想象的是一个广阔的三维住宅空间，并通过空间分层，产生半户外的空间。

从左上到左下：
一层平面图；地下室平面图
右上至右下：
三层平面图；二层平面图

marenco
arflex

中山宅

日本，奈良，1983—1985

中山宅位于奈良县和京都县交界处的一个正在开发的居民区。安藤说：“我在这里放置了一个混凝土长方体，平面图长 7 米、宽 19 米，高 2 层。”建筑被分成两部分，一半作为庭院，另一半作为生活空间。餐厅和起居室在一层，二层是卧室，分别是一个日式房间以及一个占据了一半楼面面积的露台。这个露台通过一段开放的楼梯与一楼庭院相连，是三维户外空间的一部分。人们通过一条狭窄的通道进入建筑物，这条通道夹在建筑物和地界墙之间。户外景观被有意地隔绝在外。安藤说：“为了净化空间的特征，我特意选择在整个构图中使用单一的材料。”每个房间都朝向庭院对面的墙壁，因此它们也是庭院的一部分。

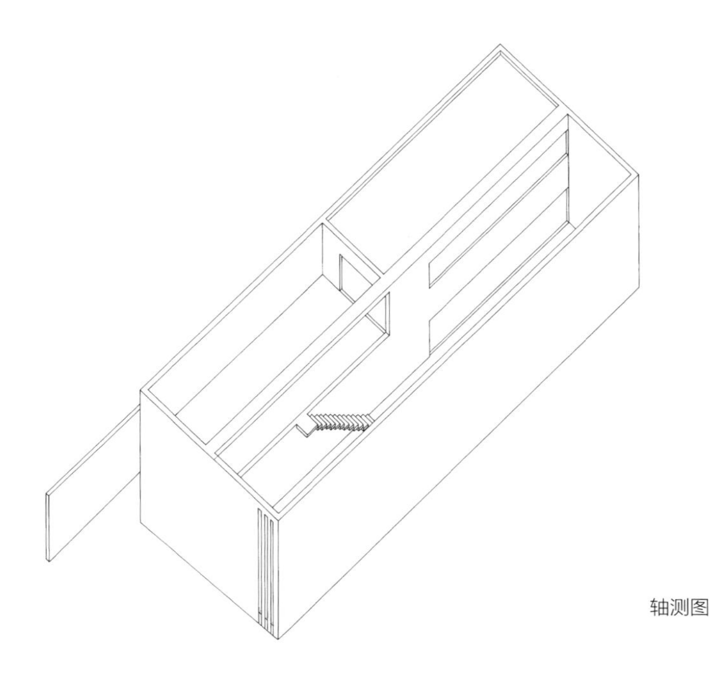

轴测图

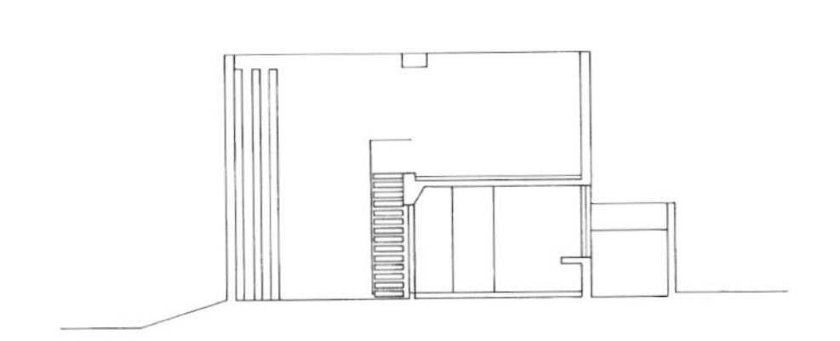

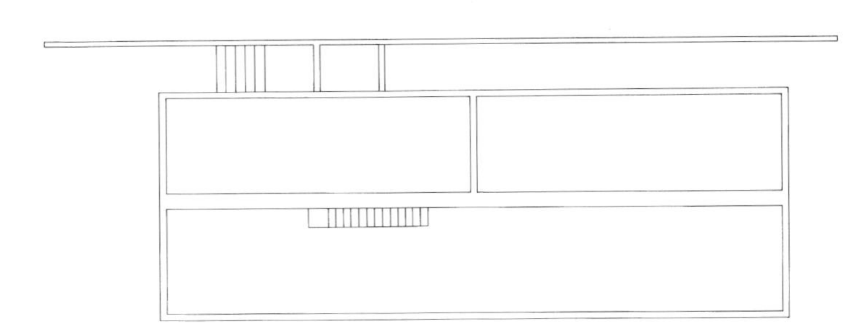

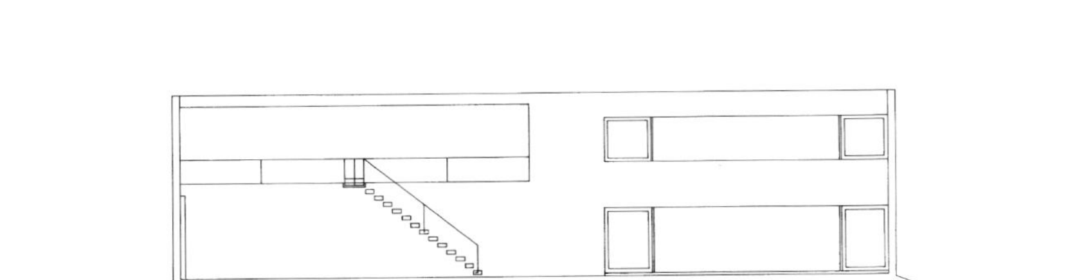

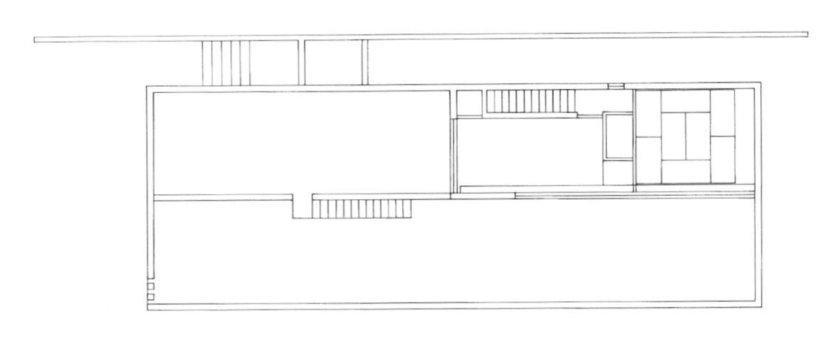

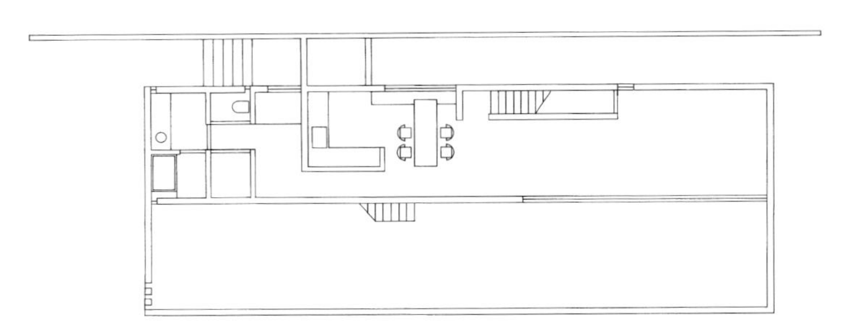

左上及左下：剖面图
右上至右下：
屋顶平面图；二层平面图；一层平面图

六甲集合住宅 I 期

日本，兵库县，神户市，1978—1983

这个住宅的基地位于神户六甲山脚下一处朝南的 60 度斜坡，可以将从大阪湾到神户港的全貌尽收眼底。六甲集合住宅充分利用了这些基地条件。安藤说：“我们提出了一个阶梯式的空间结构，通过将混凝土柱梁结构埋入地下，来顺应斜坡的形状。该建筑由一系列单元组成，结构对称，每个单元长5.8米、宽4.8米。”这种对称的结构依山势而建，建筑物之间产生的空隙形成了连续的边缘空间。这些空间成为通往各个单元的上下楼梯，同时承担了公共空间的角色，促进了社区意识的培养。这二十个阶梯式单元都有一个朝着不同方向的沿着斜坡位移的屋顶平台。每个房间在构成和大小上都有所不同。有了整体的认同感、统一性和多样性，接下来的主题就是开发适当的组装逻辑。建筑周边的干燥区域提供了有效的通风和隔热，同时也是控制自然环境的装置。

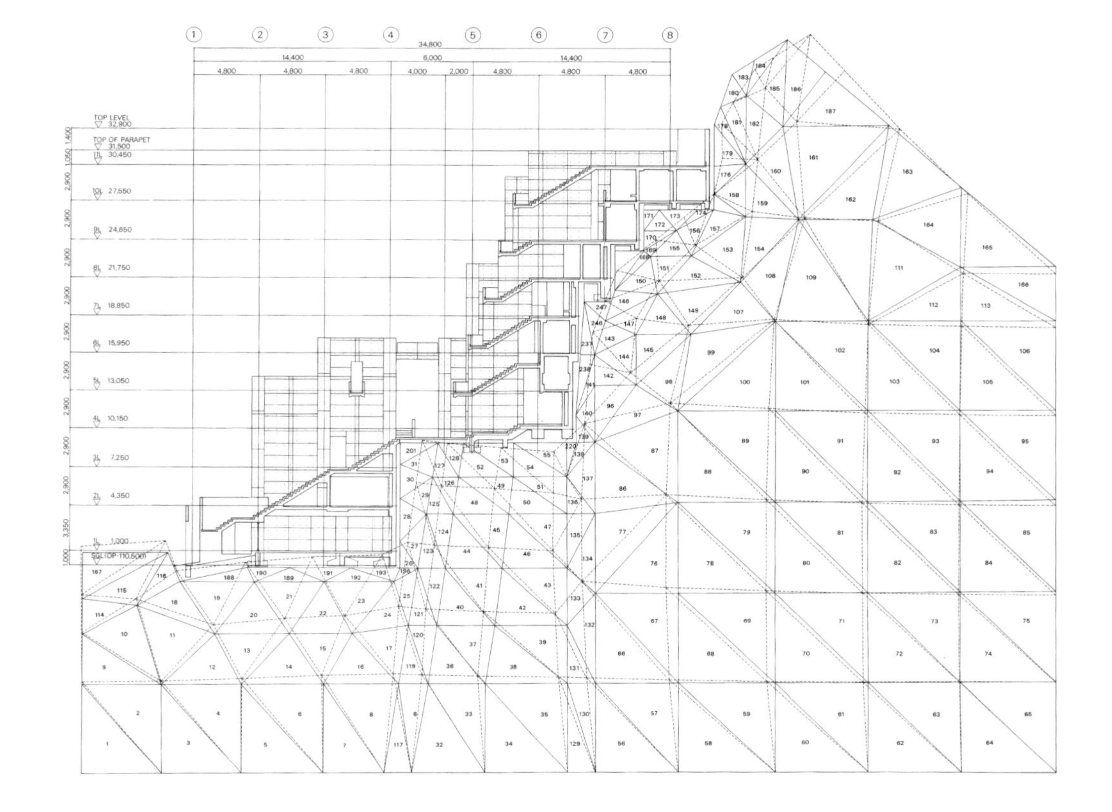

地质应力图

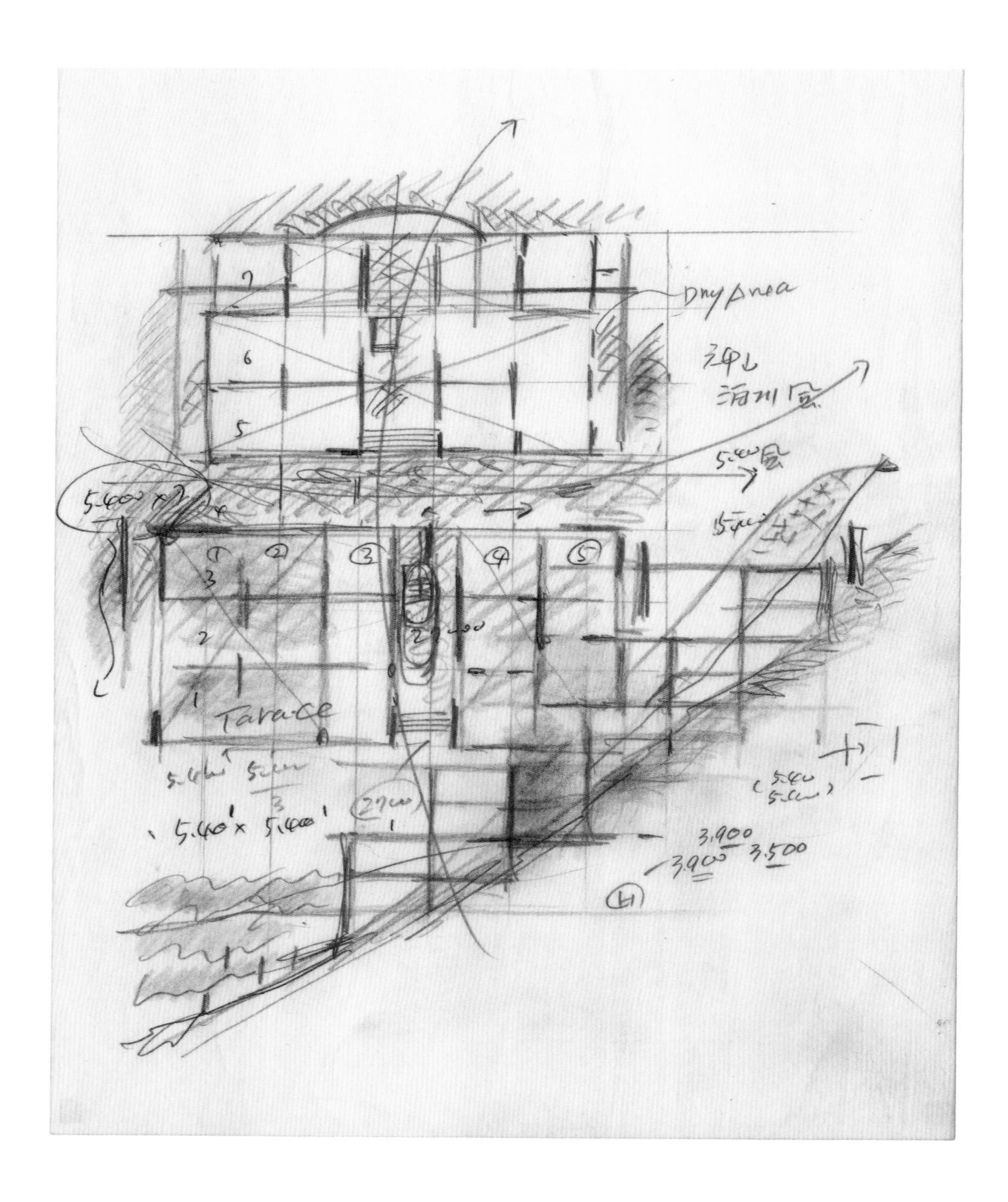

每层公共区域的研究草图

六甲集合住宅 Ⅱ 期

日本，兵库县，神户市，1985—1993

1983 年，六甲集合住宅 Ⅰ 期竣工。两年后，安腾开始设计邻近斜坡上的六甲集合住宅 Ⅱ 期。虽然 Ⅱ 期也在 60 度的斜坡上，但与 Ⅰ 期不同，Ⅱ 期包含 50 个单元，占地面积几乎是 Ⅰ 期的 3 倍，总建筑面积约为 Ⅰ 期的 4 倍。Ⅰ 期工程时，整个基地有严格的后退线和其他针对建筑的法律限制。因此，该形式没有清楚地表达建筑的概念。而 Ⅱ 期工程不受外部因素的限制，可以将建筑意图直接表达出来。总的来说，这是一个方形网格框架结构，网格的标准单元为 5.2 米见方。Ⅱ 期与 Ⅰ 期一样，通过将网格框架埋入斜坡生成位移，使得轴线周围的边缘空间产生丰富的变化。中央楼梯将每栋建筑分为东西两部分。由于存在穿过建筑间隙的边缘空间，所以每个单元都有不同的方向，以及不同的大小和布局。Ⅱ 期工程进一步尝试丰富公共空间，在中间的屋顶广场上方建造了一个计划向附近用户和居民开放的室内游泳池，从这里可以看到大海。这个主题在六甲集合住宅 Ⅲ 期中得到了进一步拓展。

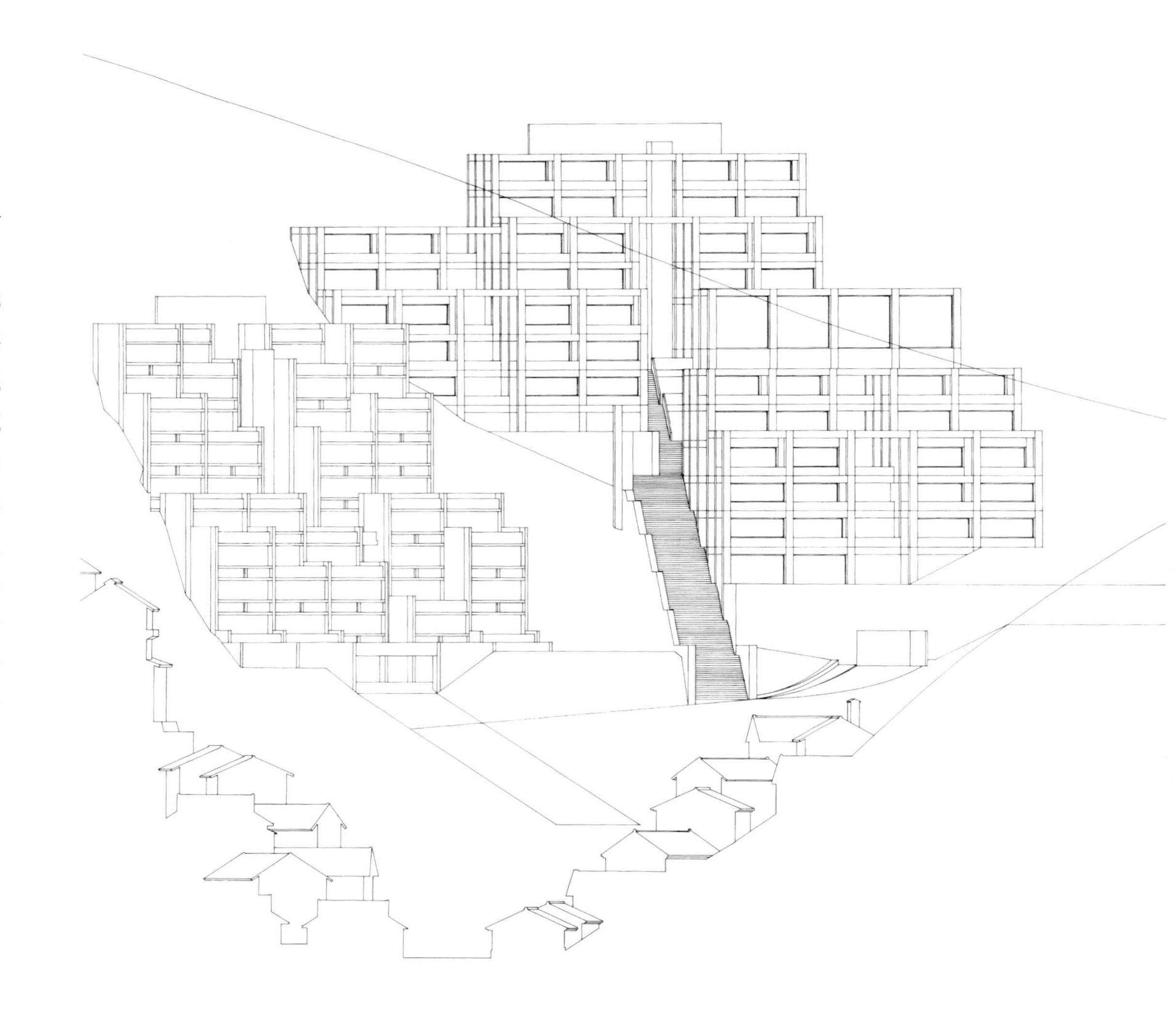

六甲集合住宅 Ⅰ 期和 Ⅱ 期的立面图

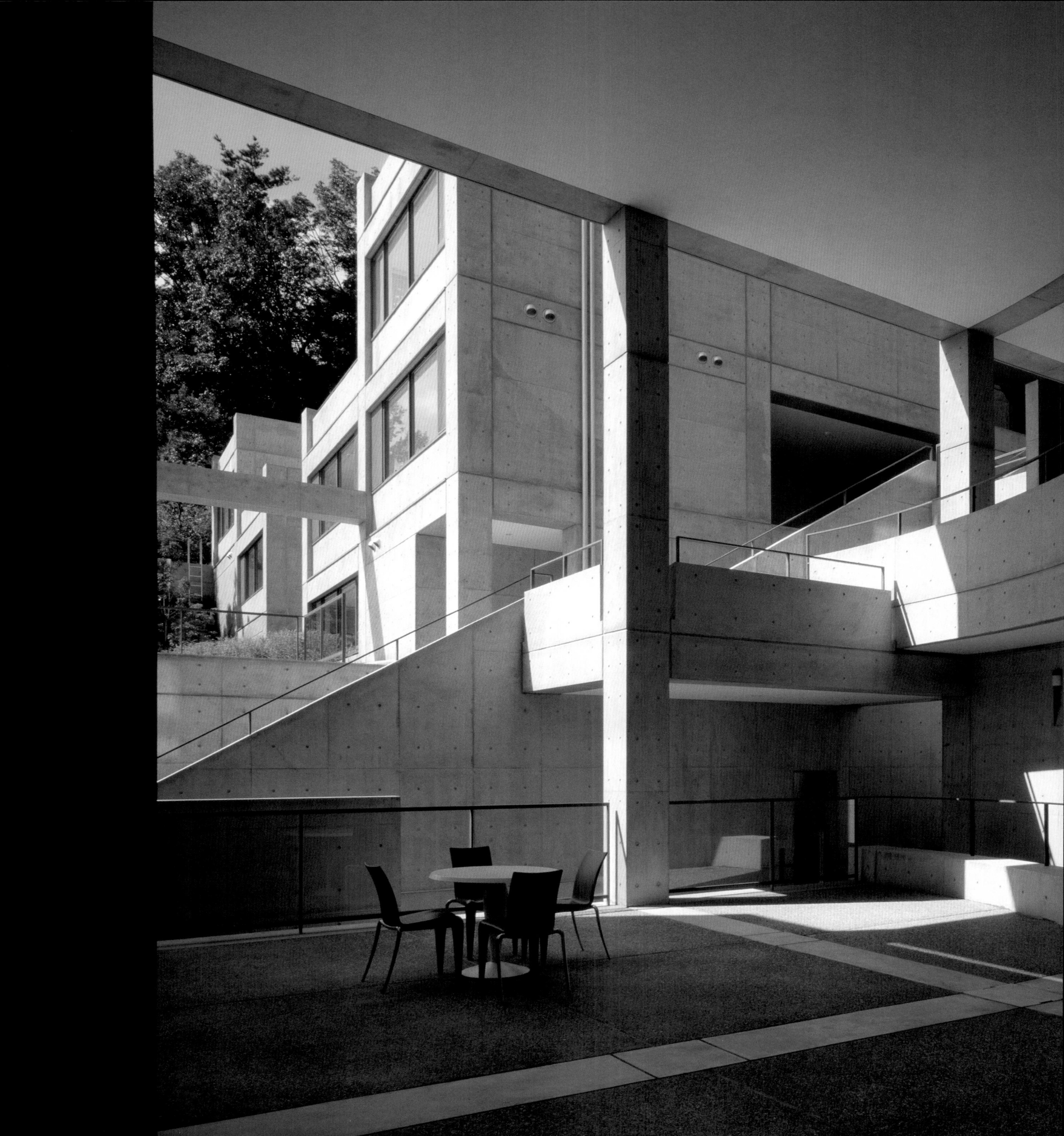

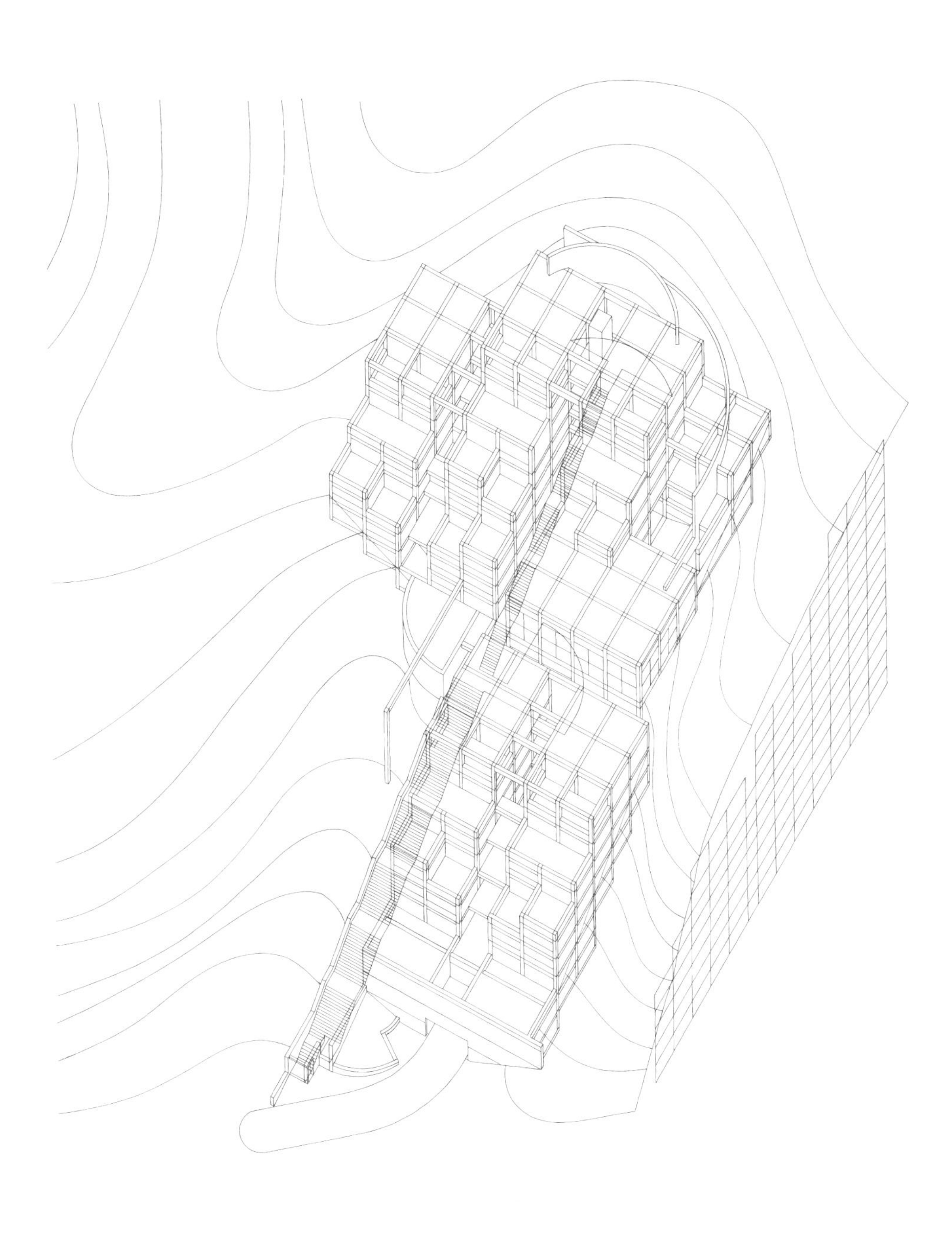

轴测图

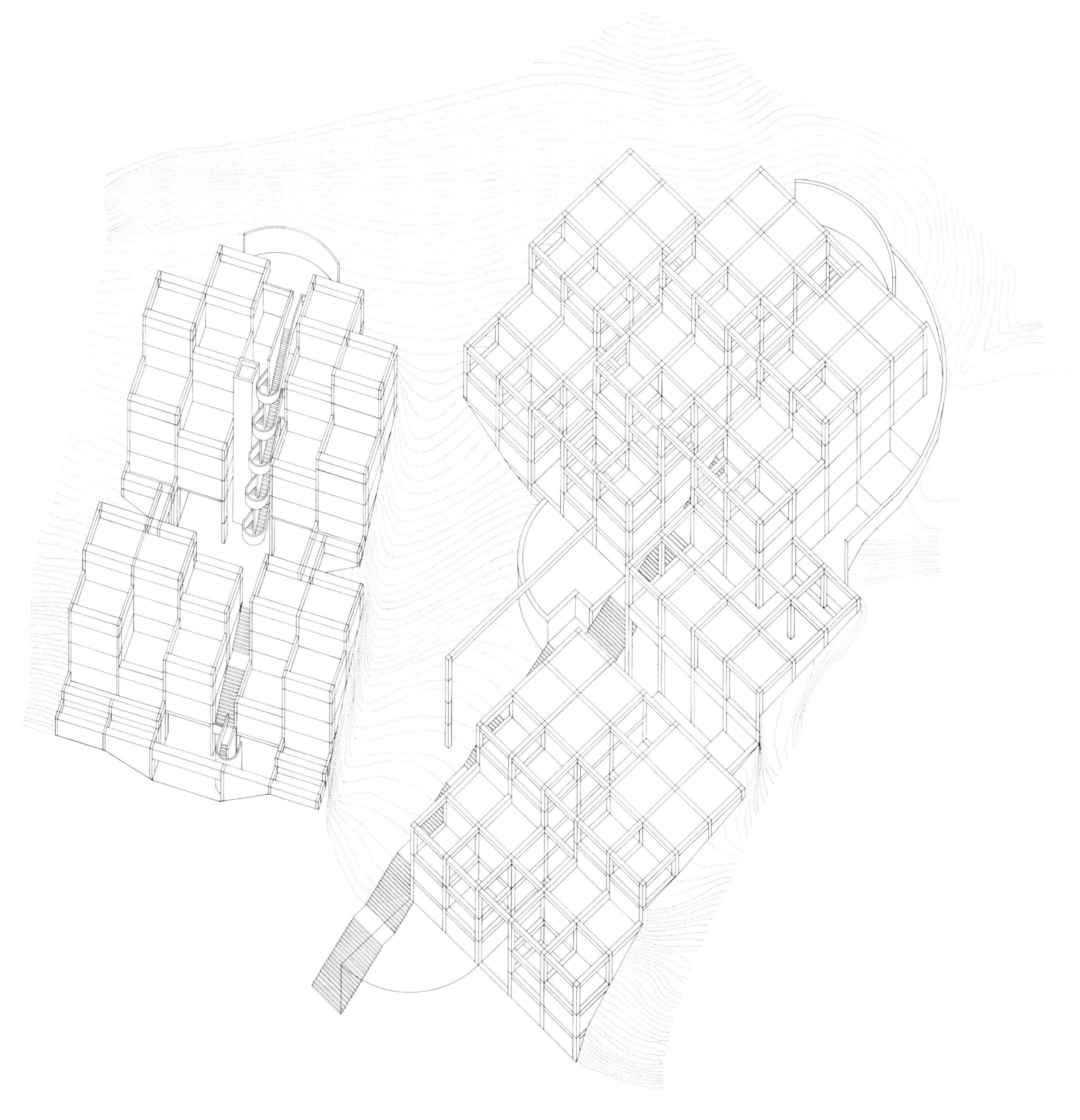

六甲集合住宅Ⅰ期和Ⅱ期的轴测图

scale
Ristrutturazioni
Case nel mondo
Allestimenti museali
建築家という生き方
建築家であること
HOUSES
HOUSES
ANDO
ANDO
150 Best House Ideas
HOUSES
1000 chairs
TASCHEN
STUDIO TALK
現代建築史
581 Architects in the World
世界の建築家581人
RENZO PIANO

TADAO ANDO
Tadao Ando

六甲集合住宅 Ⅲ 期

日本，兵库县，神户市，1992—1999

当六甲集合住宅 Ⅱ 期完工时，六甲集合住宅 Ⅲ 期还只是一个独立组织的建设计划，然而在 1995 年阪神大地震摧毁神户港口地区后，它成了一个住宅复兴项目，并在实施时做了改动。Ⅲ 期的构成大致可以分为高、中、低三层。在 Ⅰ 期和 Ⅱ 期之后，建筑师的基本设计理念是准备各种住宅平面图，以应对基地不同的立面，并允许每个公寓在不同的景观中保持独特的生活方式。但是，Ⅲ 期的基地条件不同，不可能在建造成本和销售目标方面对每个单元进行区分。取而代之的是，它特别强调了如何丰富建筑之间的公共空间，并延续 Ⅱ 期的轴线，建立了一条阶梯式的南北环流路线，与自东向西延伸的绿地交叉。安藤在轴线交叉、变宽或集中的地方设置了类似广场的空间，意图打造一个整体的三维公共空间。

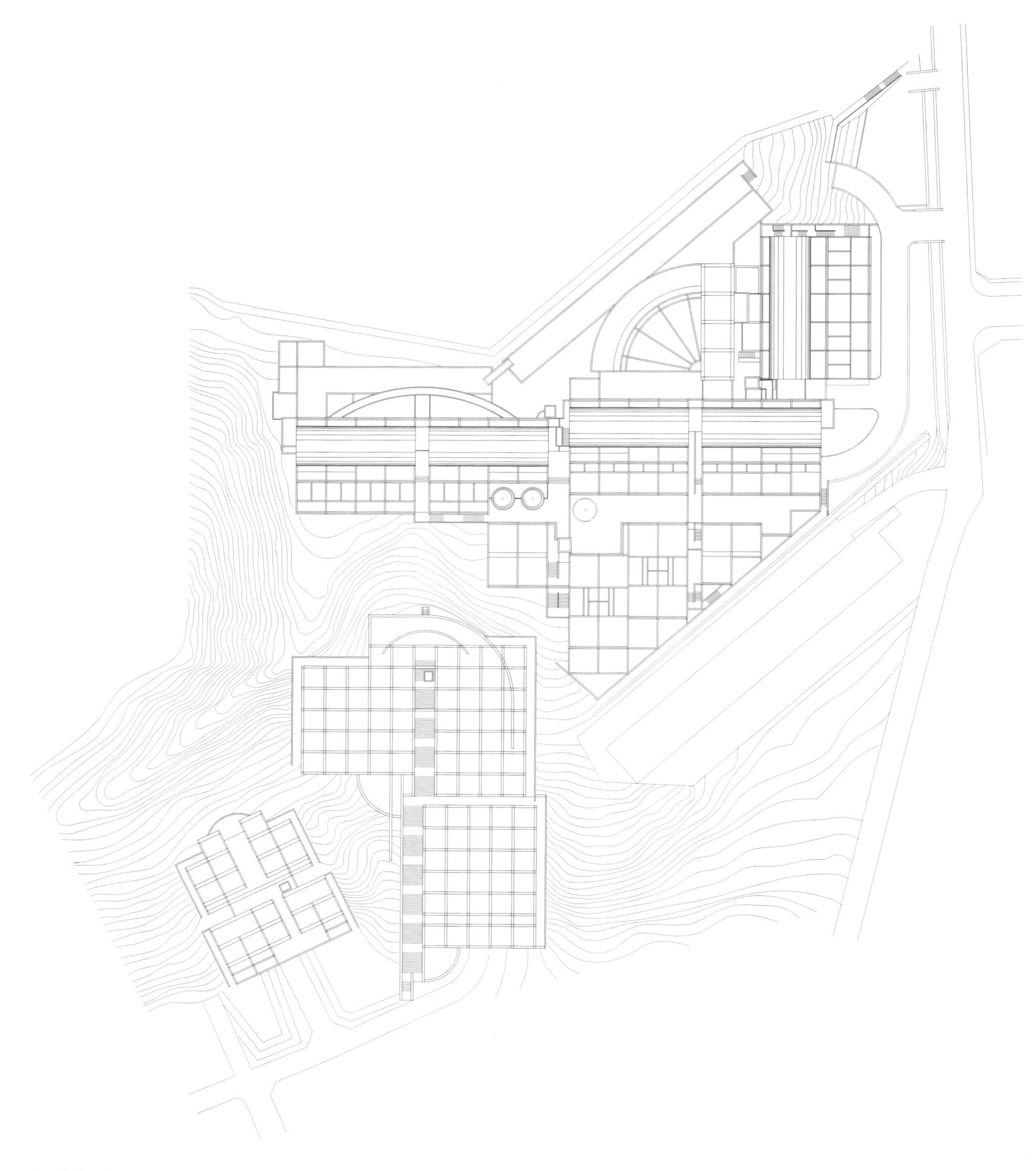

六甲集合住宅Ⅰ期至Ⅲ期的基地平面图

城户崎宅

日本，东京，世田谷区，1982—1986

城户崎宅位于东京郊区的一个高档住宅区，是为一对建筑师夫妇以及他们的父母设计的三户人家的房子。该建筑借鉴了多单元住宅的概念，为居住者提供了私密的生活空间和日常生活中的共处空间。房子由一个立方体和沿着地界线以四分之一圆弧结束的保护墙组成。这条弧线从前面街道的缓坡向内弯曲，引导人们进入住宅。庭院和露台布置在建筑的不同楼层，这些外部空间为日常生活带来光、风和雨，同时连接三个家庭的生活区。安藤说："在北面的前院和南面的庭院，我种植了与以前在这里生长过的树种类相同的树，希望在业主的记忆和人们对这片土地的记忆中保持连续性。"这座房子的结构简单，为三个家庭不同的生活方式提供了一个复杂的迷宫式空间。

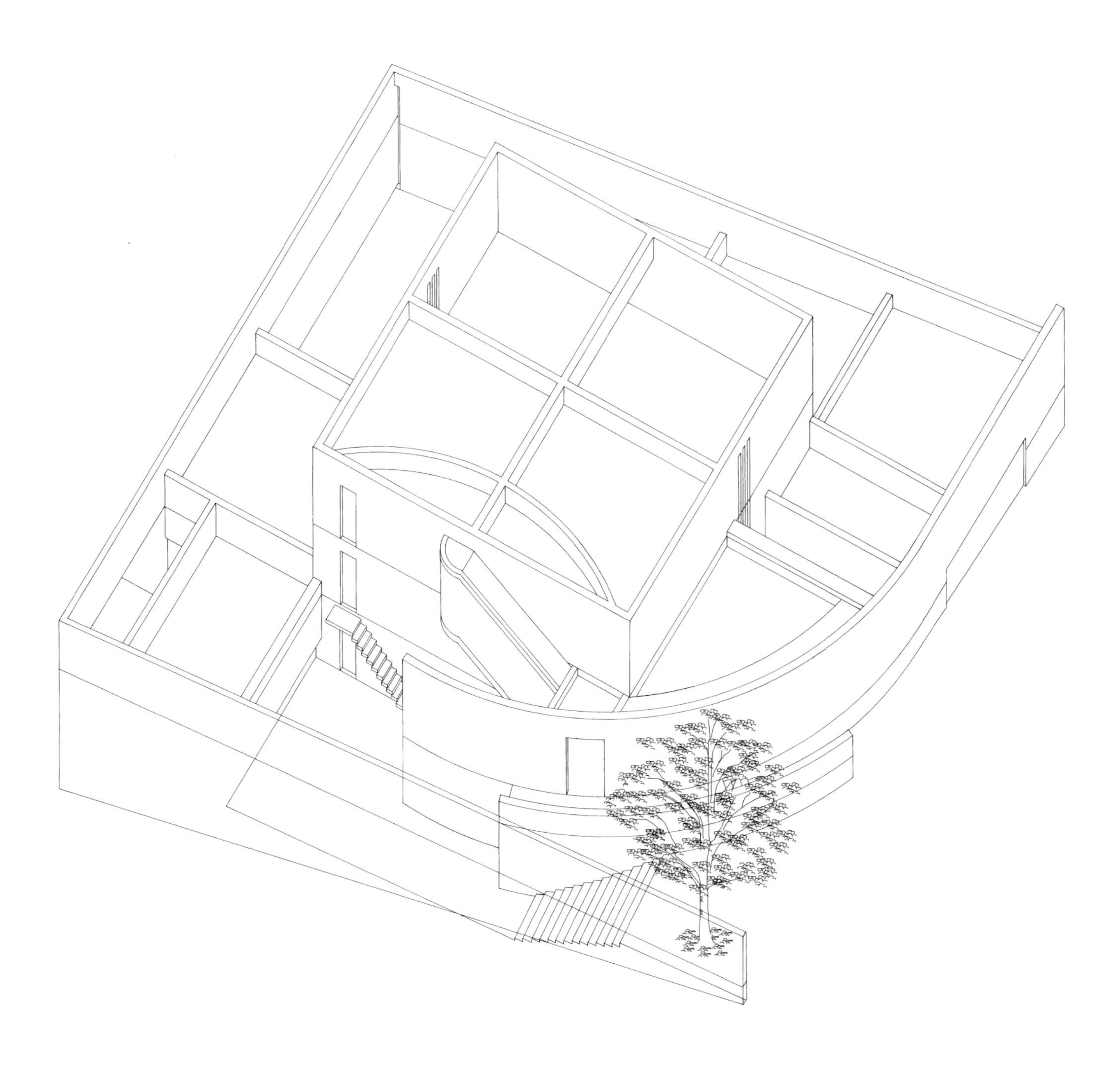

轴测图

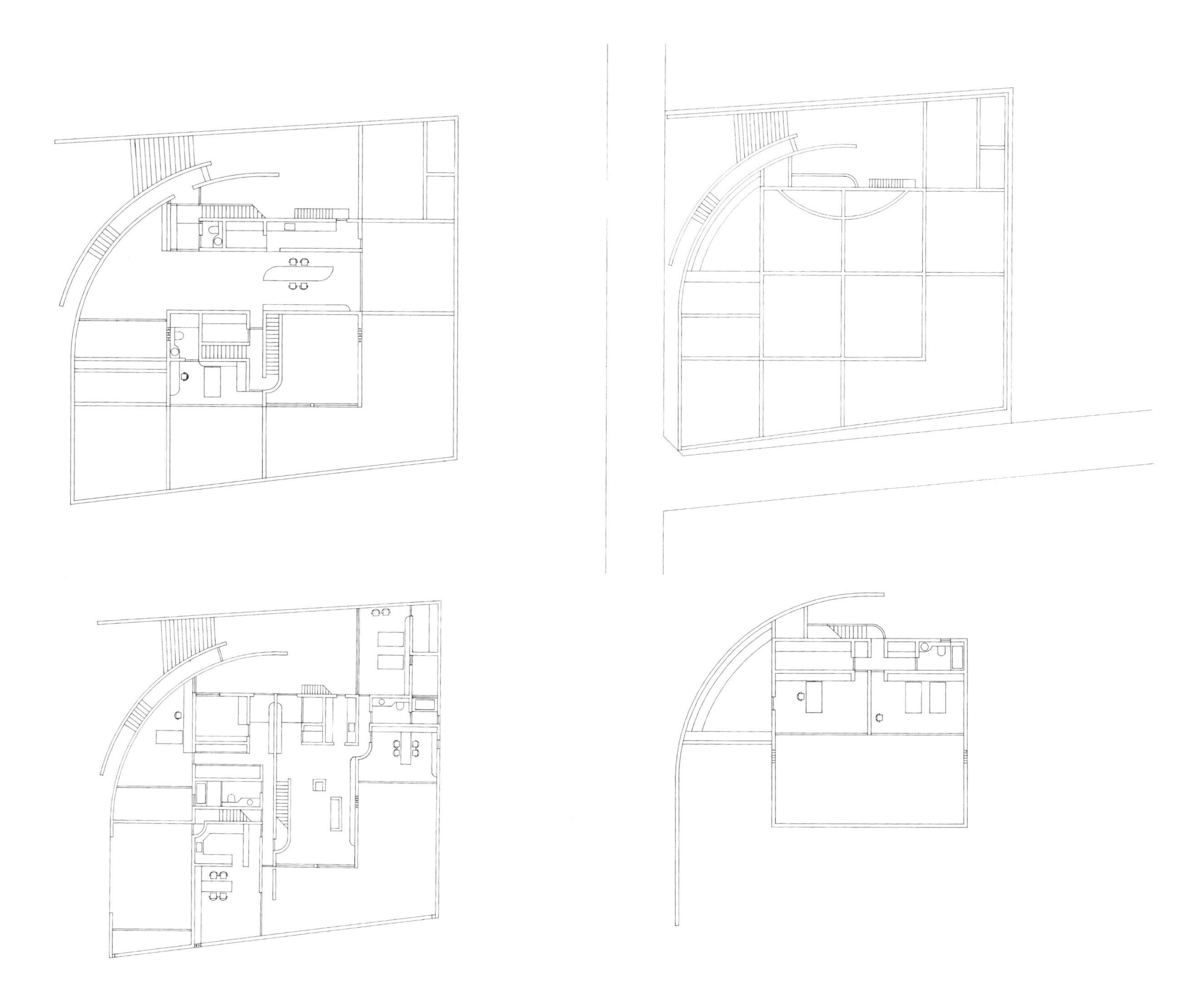

左上至左下：二层平面图；一层平面图
右上至右下：屋顶平面图；三层平面图

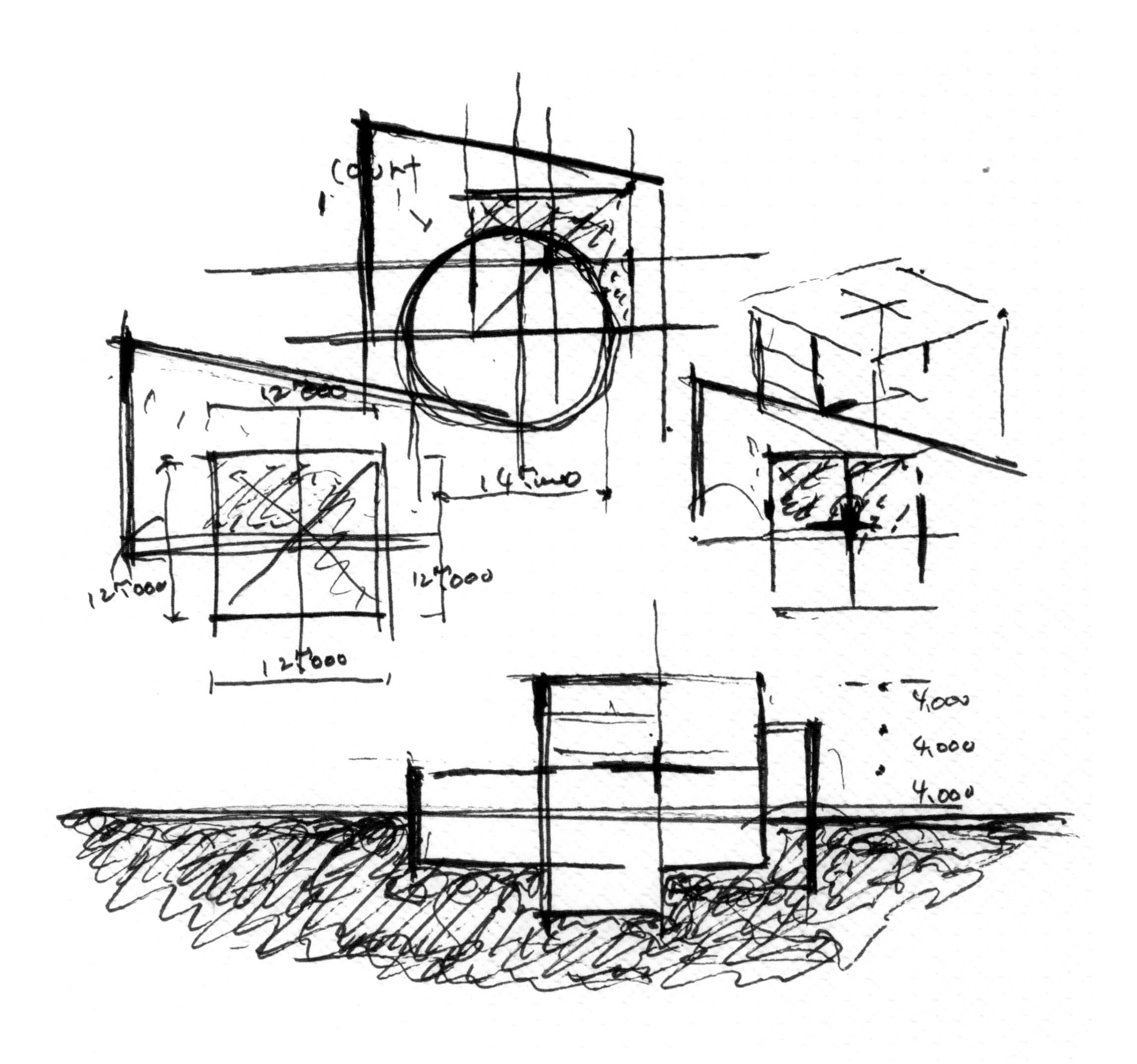

空间构图研究草图

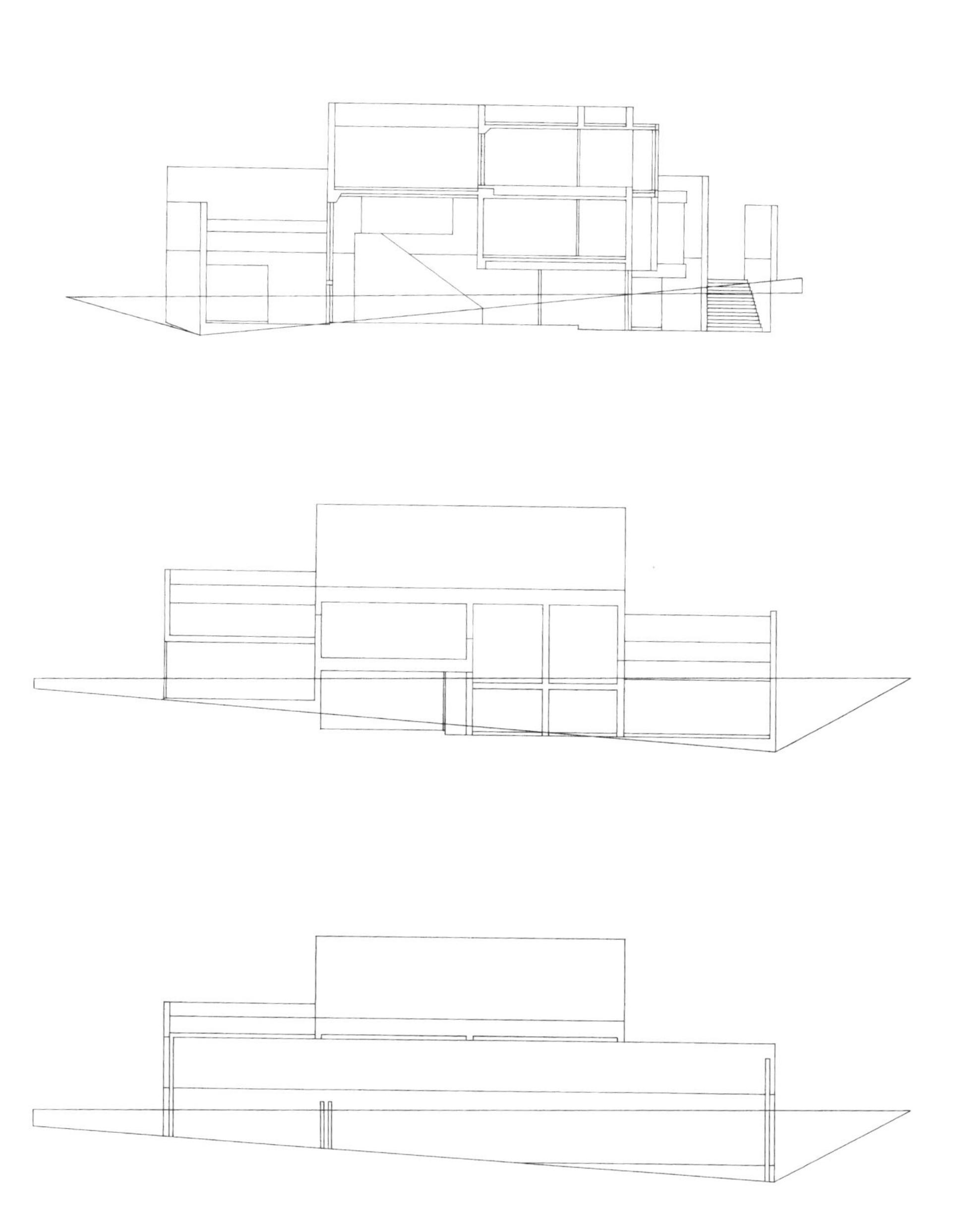

自上而下：
剖面图（上方 2 幅）和南立面图

李宅

日本，千叶县，船桥市，1991—1993

这是一座私人住宅，坐落在离市中心不远的郊区。不同特征的小型庭院堆叠在住宅内的不同楼层，以便给每个庭院一个独特的意境，并将变化注入房子内部和周围的空间。总的来说，房子有一个三层的长方形核心，面积为 5×21 平方米。内部庭院位于这个长方形结构的中间，房间位于两端。这些房间高度相差半个楼层，隔着庭院两两相望，并通过与庭院平行的斜坡走廊连接。住宅的底层是家庭聚会的起居室和餐厅，上层是单独的卧室。从餐厅可以看到庭院平缓的绿色斜坡。这个庭院邀请大自然进入业主的生活，同时通过阻挡外界的视线来保护房子的隐私。

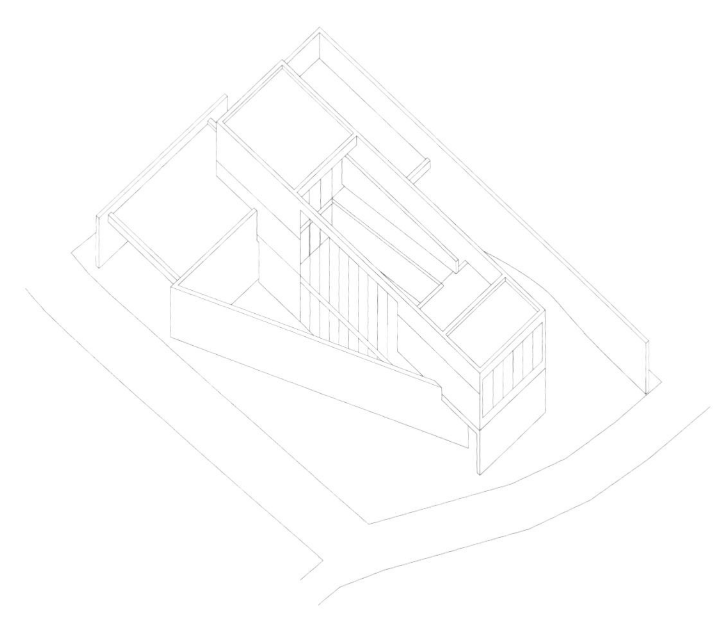

轴测图

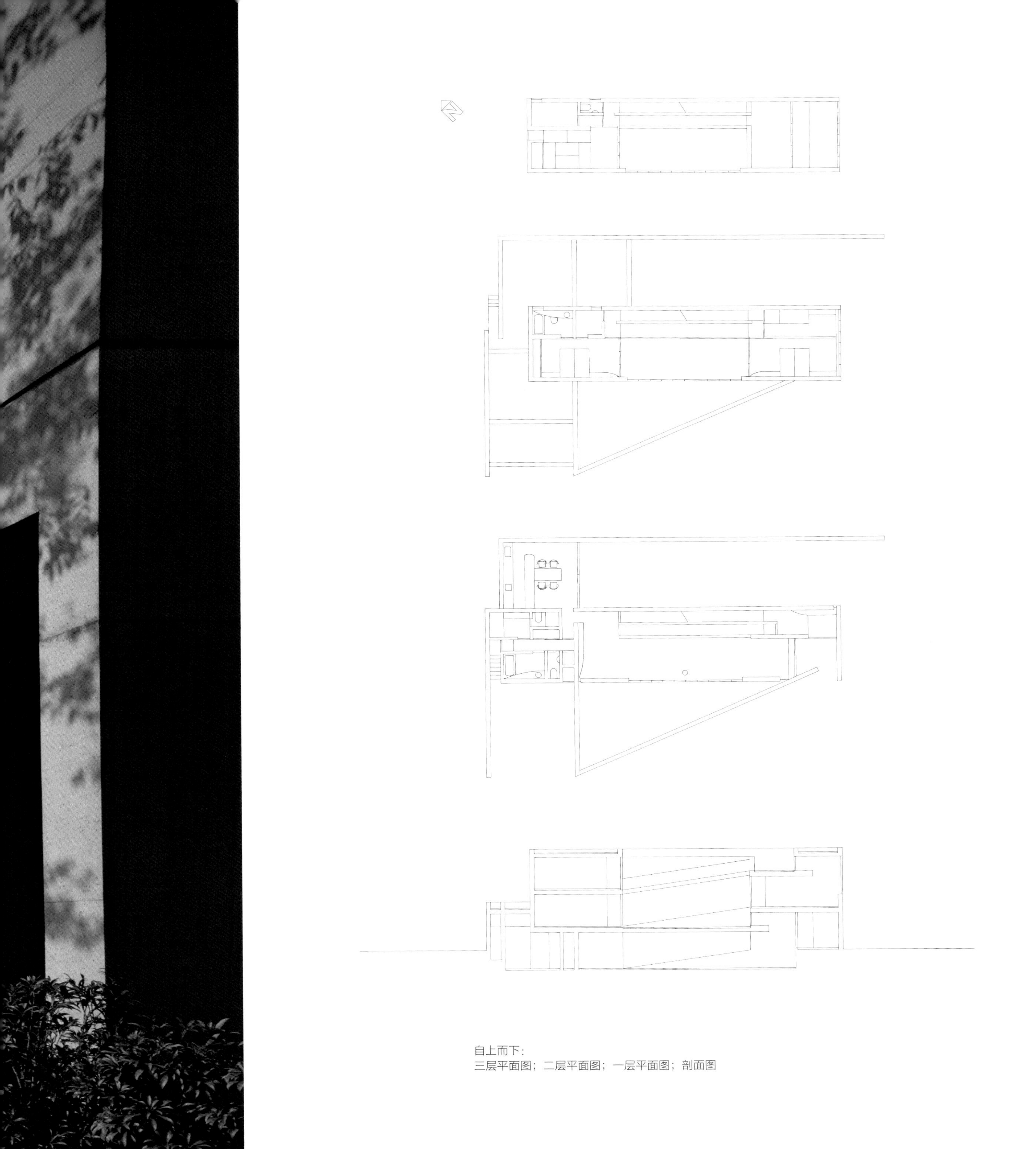

自上而下：
三层平面图；二层平面图；一层平面图；剖面图

芝加哥的住宅

美国，伊利诺伊州，芝加哥市，1992—1997

这栋房子位于芝加哥市中心附近一个安静的住宅区。沿着这个南北走向的狭长基地，建筑师旨在创造一个舒适的居住空间，同时加强与自然环境的交融互动。该建筑主体位于南北轴线上的两端，中间由露台和外部坡道连接。业主家庭的私人空间位于南侧的 12 米见方的三层楼中，而公共空间，如建筑入口和客房，则位于北侧的 12×6 平方米的两层楼中。在这两个建筑主体之间，有一个贯穿南北区域的 6 米宽的露台，它沿着界定庭院围墙的轴线方向配置。西面剩下的 6 米宽的地方变成了一个水池。露台下面朝向水池的空间是起居室，也是房子的焦点。水池与露台之间通过坡道相连，形成一个半户外的交通流线的缓冲区。这两个部分都是对外封闭的，但在内部，坡道缓冲区却向天空敞开。在这个严格的几何构成中，为了保护现有的白杨树，北侧的一部分墙体被凹成了弧形。这栋房子是安藤在美国设计的第一栋建筑。

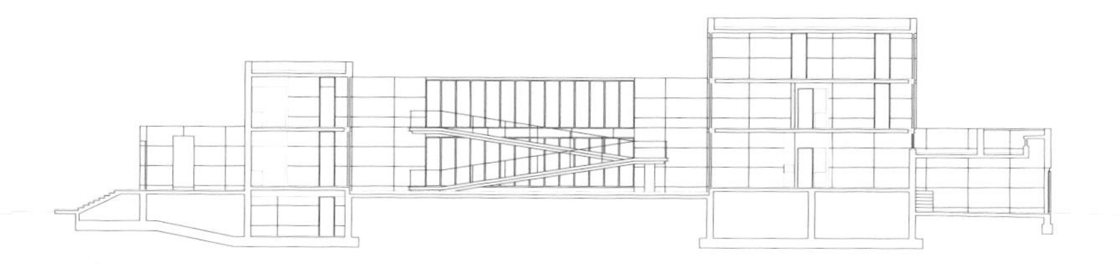

剖面图

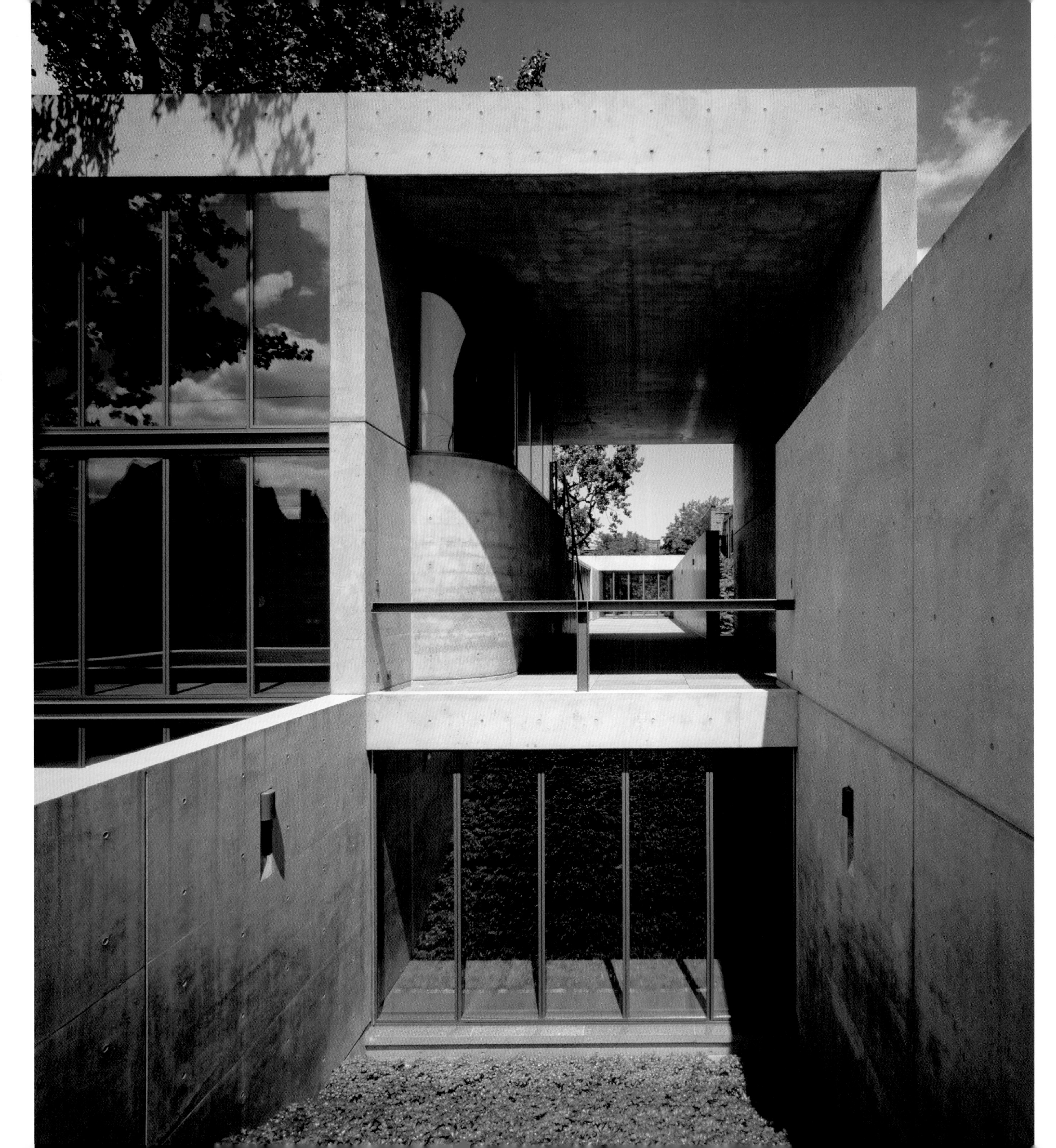

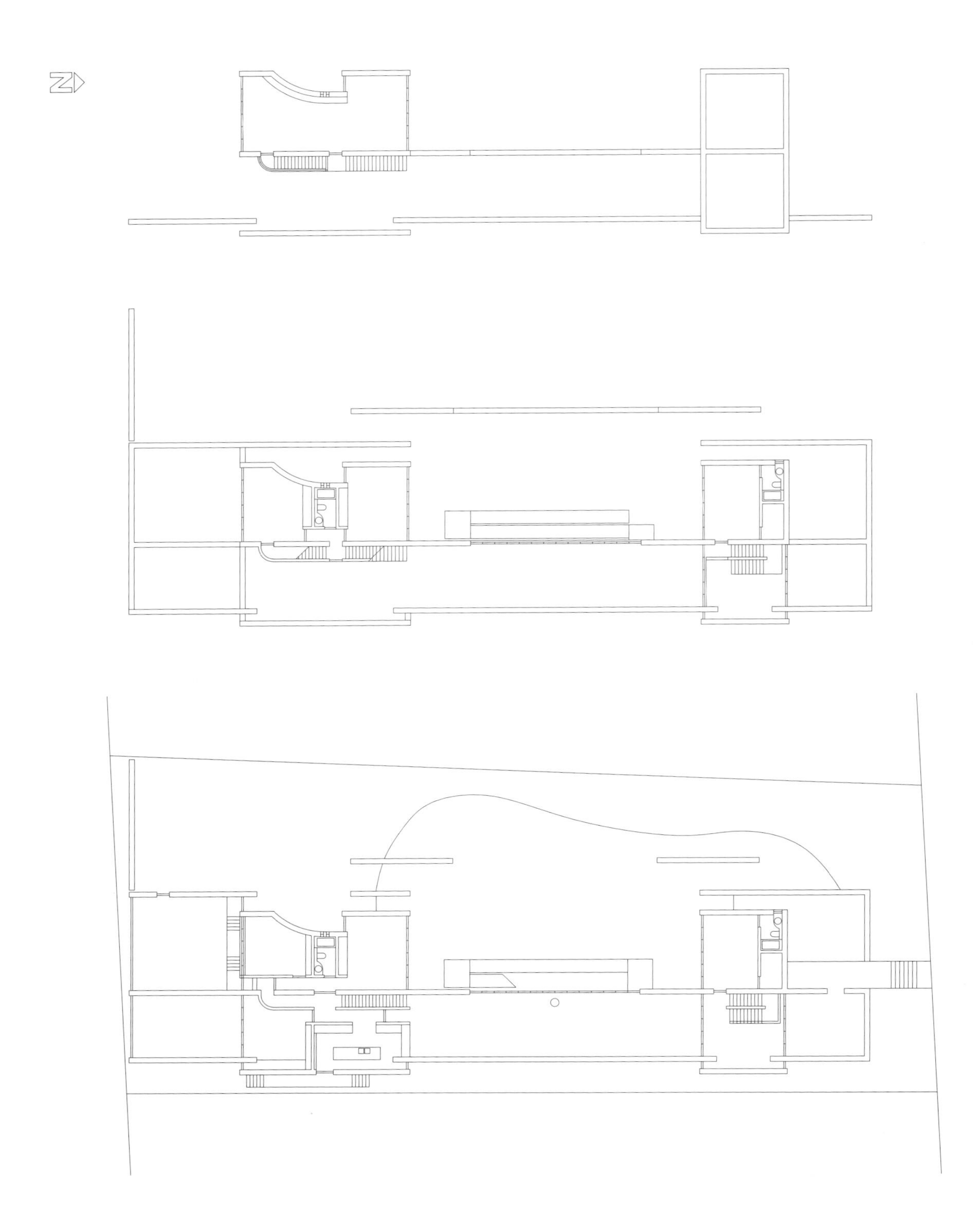

自上而下：
三层平面图；二层平面图；一层平面图

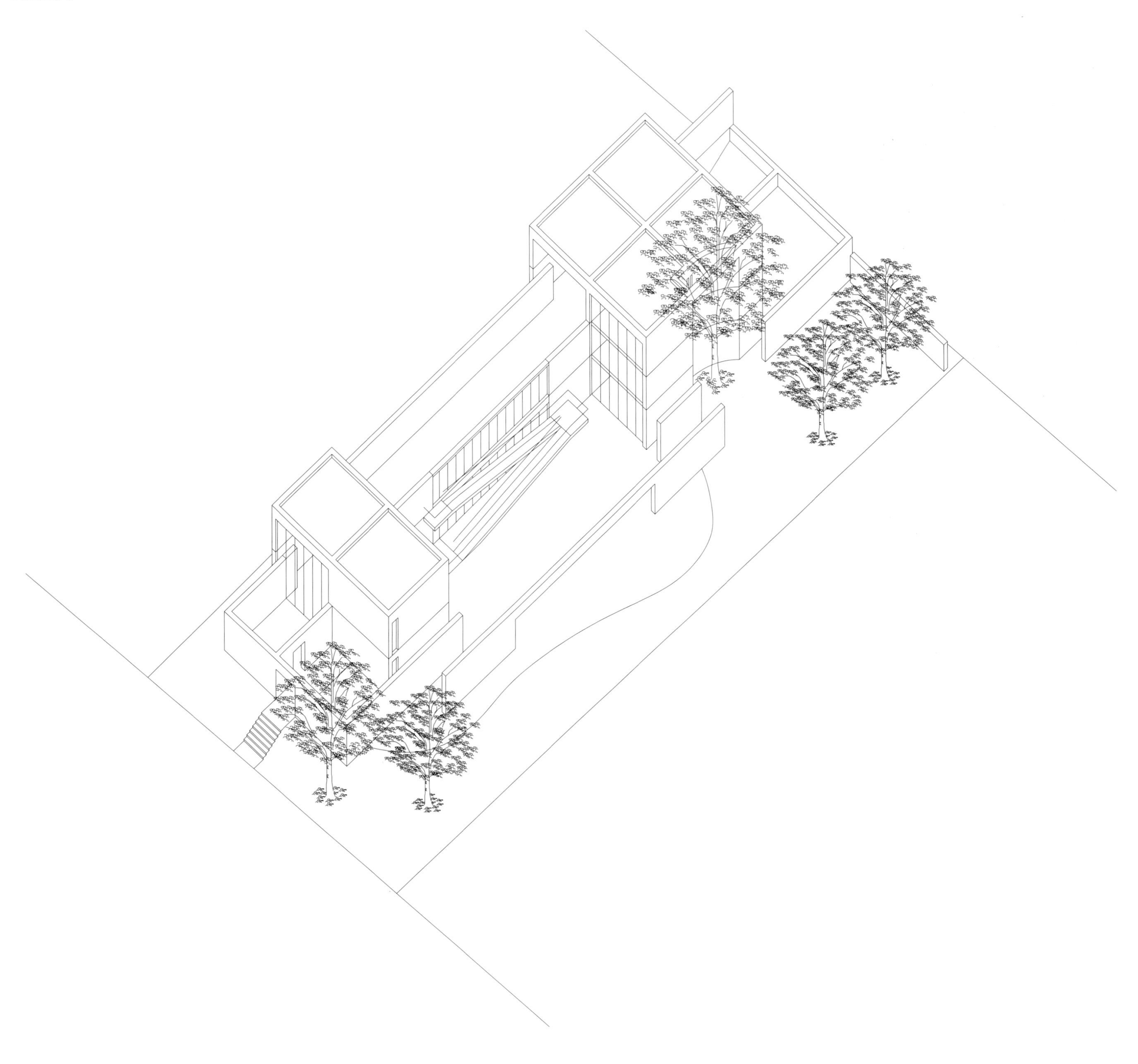

轴测图

平野区的町屋（能见宅）

日本，大阪，1995—1996

这栋房子坐落在大阪市中心的一个区域，那里有许多第二次世界大战前建造的传统长屋，现在仍然屹立不倒。这些传统的日式瓦片屋顶、木框架结构的房子虽然看起来很简陋，但却为社区带来了强烈的地方特色。近年来，这个地区流行重新改造，而这栋两户住宅所在的区域，却保留了过去的风貌。

房子是为一对年轻夫妇和他们的母亲设计的，它完全封闭，并由两层楼高的墙壁保护着，不受周围环境影响。在这些围墙内，空间被分隔成独立的区域，以便内部和外部生活空间占据大致相同的体量。起居室、餐厅区以及露台都位于上层，两间卧室位于底层。每个卧室都通向各自的私人庭院，从而保护了每个房间的私密性。在传统长屋的独特氛围中，每个庭院都创造出了自己宁静的微型宇宙，可称为抽象生成的自然则渗透其中。大自然的碎片，例如光和天空、风和雨，被带进这个空间，并传递季节更替所固有的魅力和能量。后院种植了一棵巨大的榉树，用来守护房子里的住户，并与邻近住宅的绿植进行对话。围墙上有一个单门用于进出房屋。楼梯直接通向上层，然后通向客厅。

这个家的设计，使居住者可以通过这个公共区域到达每一个私人空间。开放、活泼的客厅有着宽阔的悬挑和统一的采光，与之相比，下面的卧室区域宁静祥和，只有有限的光线进入。这里的每个房间都与其他房间相连，它们有共同的庭院，但是，因为它们都朝不同的方向开放，所以每个房间都被保护起来，不受其他房间影响，成为一个完全独立的生活空间。每个庭院都是卧室的延伸，即使在实际尺寸的限制下，每个生活空间也能得到扩展。此外，虽然每个空间之间实现了紧密的物理连接，但通过使用庭院在房间之间移动，仍然提供了足够的情感距离。

安藤说："我觉得实际上获得了比最初预期更大的回旋余地和活动空间。移动需要使用楼梯并经过庭院，确实很难说这个空间本身是纯功能性的，但我的目标是打造一个足以吸引业主的丰富空间。有些人甚至认为，在雨天或寒冷的冬天，生活在自然界强加的艰苦环境中会很难受，但是如何使用这个妙趣横生的住宅，完全取决于居住者的生活方式。"

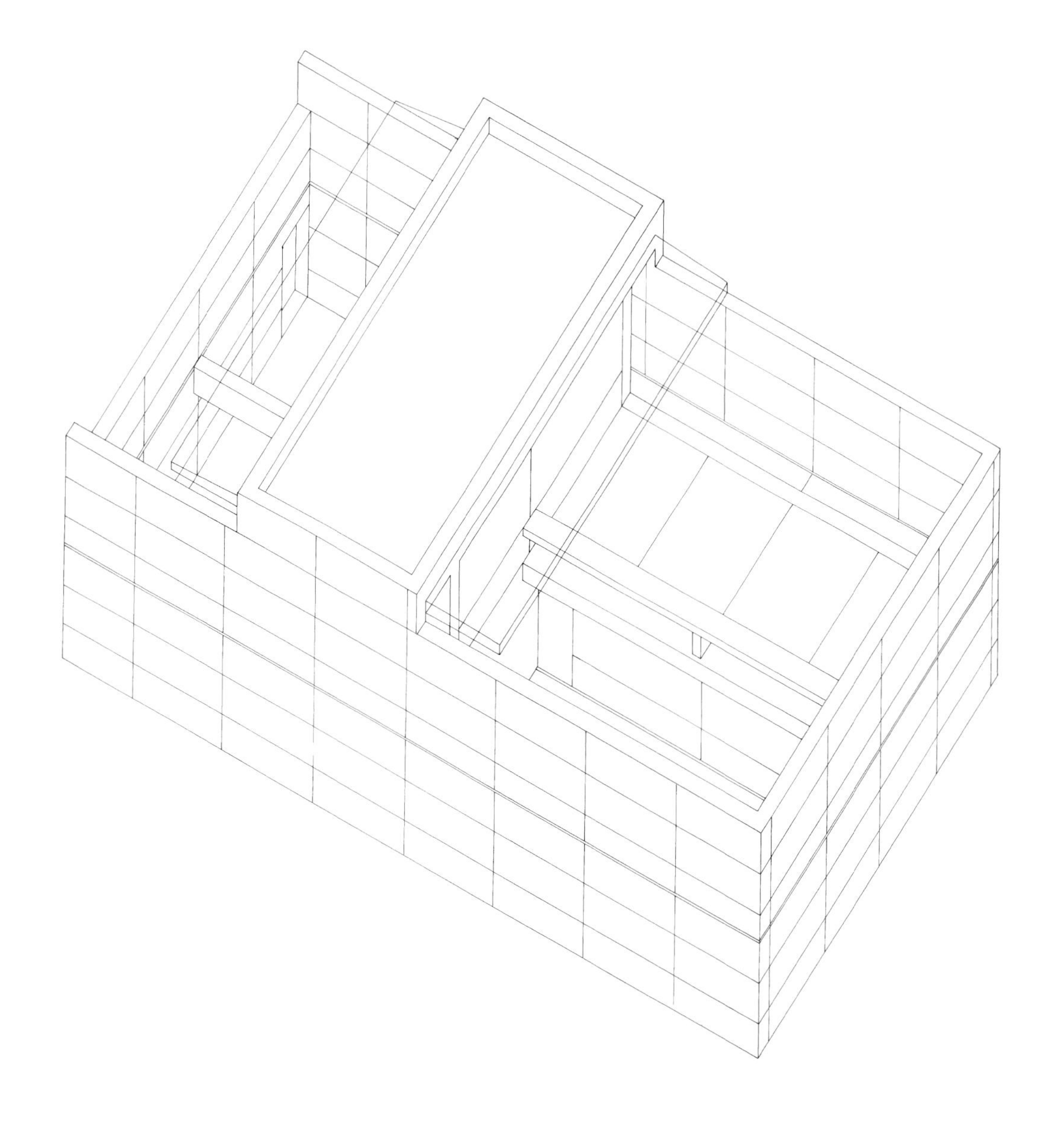

轴测图

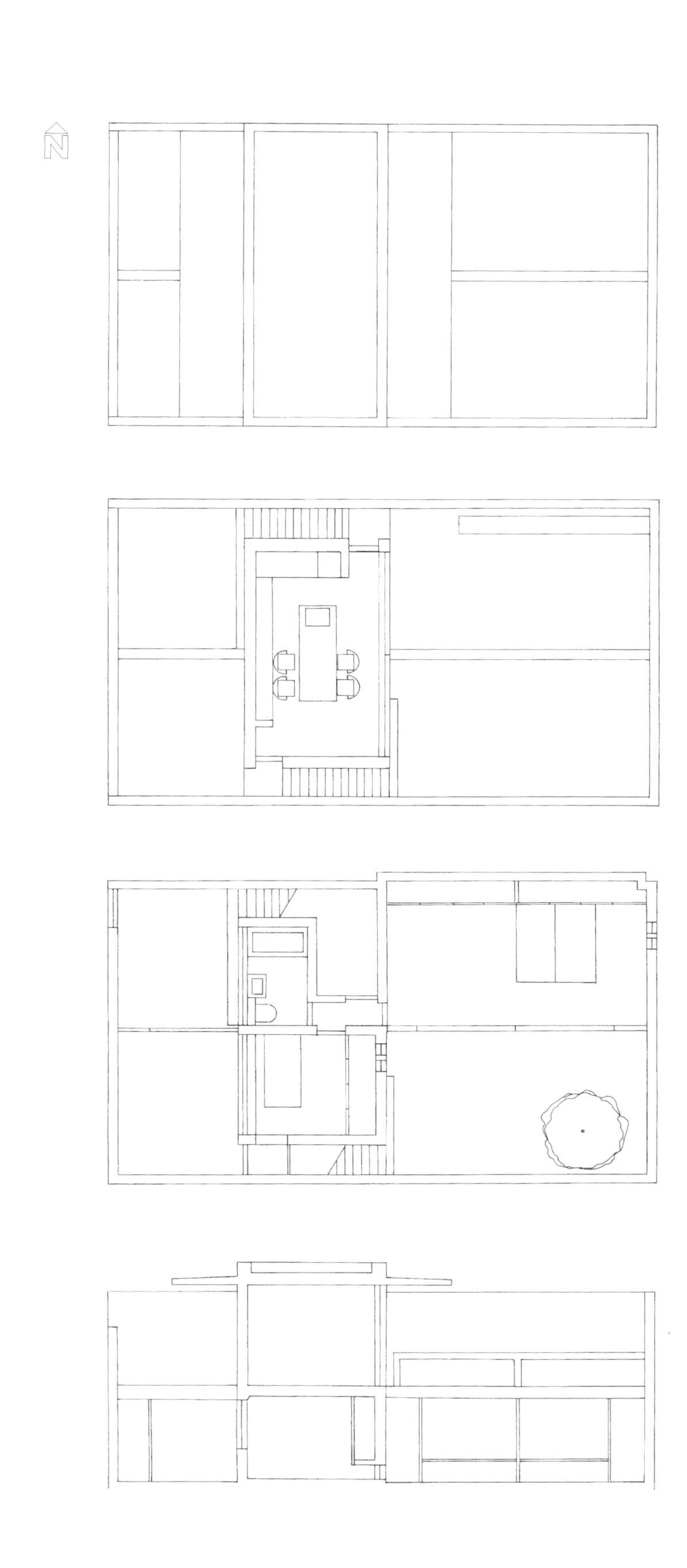

自上而下：
屋顶平面图；二层平面图；一层平面图；剖面图

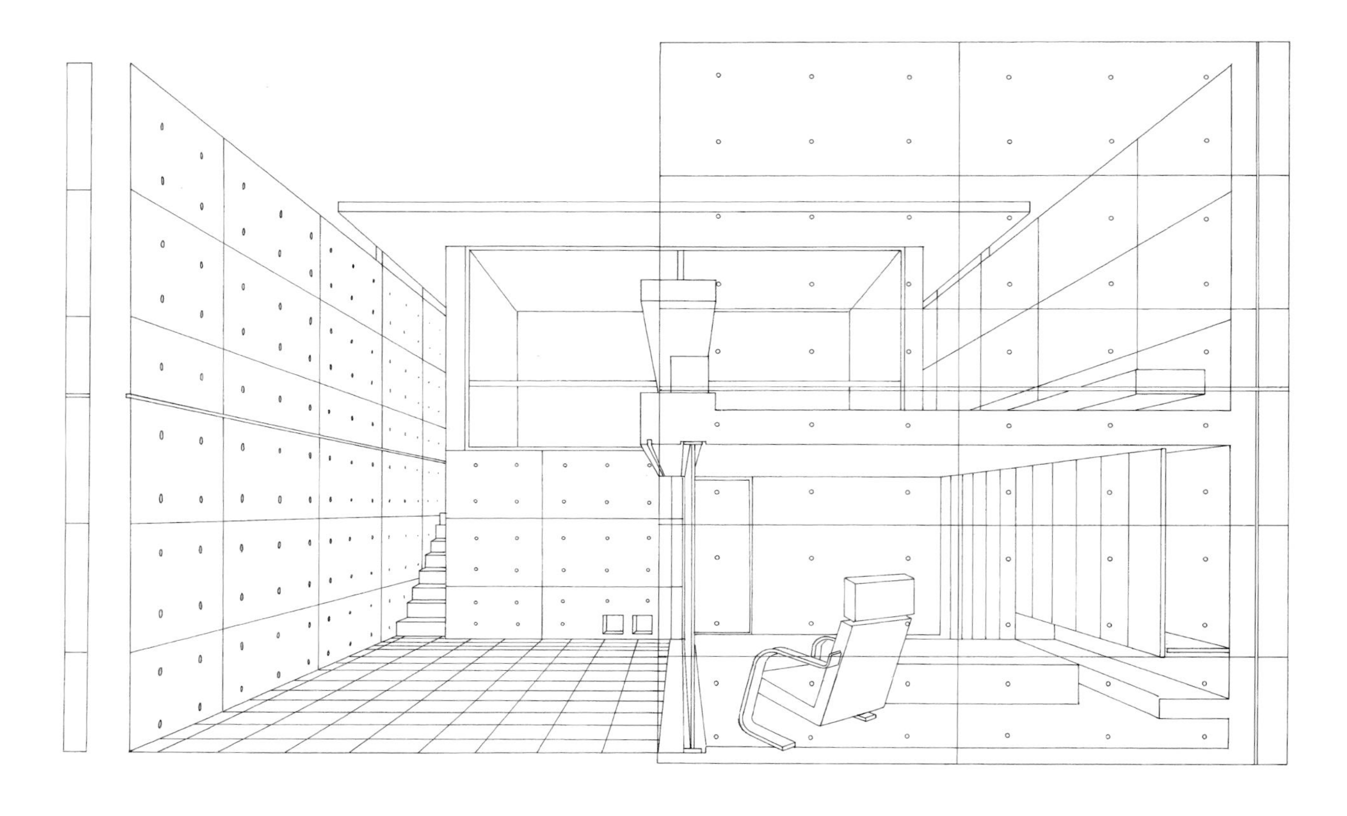

透视图

无形之家

意大利，特雷维索，1999—2004

这个独立住宅位于意大利特雷维索郊区优美的自然环境中，它包含了场地规划和布局规划，因此具有极大的灵活性和自由度。客户提出的唯一要求就是从邻近的街道以及基地周边来看，此建筑具有彻底的私密性。安藤说：“我思索着一座与地球母亲相连，并对周围环境做出呼应的住宅形象，然后我产生了一个半埋在地下的‘隐形房子’的想法。”他继续解释道：“一座隐藏在地下的无形建筑所面临的问题，不是表面的形式，而是一个更深层的空间。我的目标是在这个无形的结构中，打造一个充满了日常生活中意想不到的各种空间体验的地下迷宫般的空间。”楼层平面是一个以 7.2 米见方的网格为基础的长方形。在这个严谨的框架内，空间序列通过对自然光的建筑操作（如头顶的天窗）、各种类型的倒置内外空间的内部庭院，以及楼层的变化等产生变化。为了将变幻的自然光线引入空间，无形之家在构图和细节上排除了任意性，注重简单的形式和简洁的顺序。外界只能通过露出地表的盒子来确认无形之家的存在，这个盒子是一个整合了入口通道和户外露台的书房。房子周围种植了层层的本地树木。安藤说：“我希望随着树木的生长，这个地方会呈现一种自然的、城墙般的氛围。”

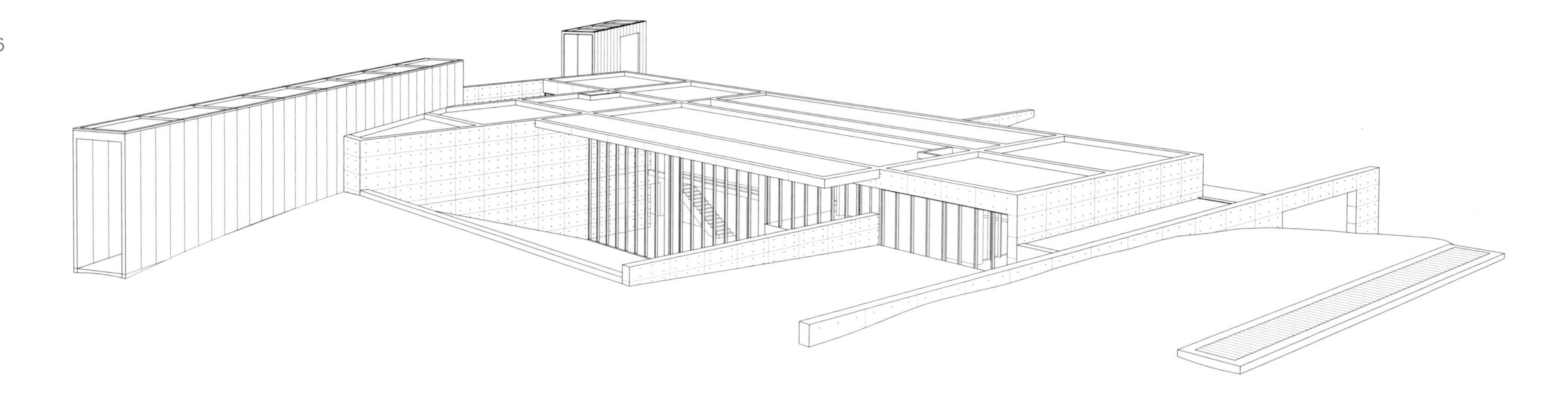

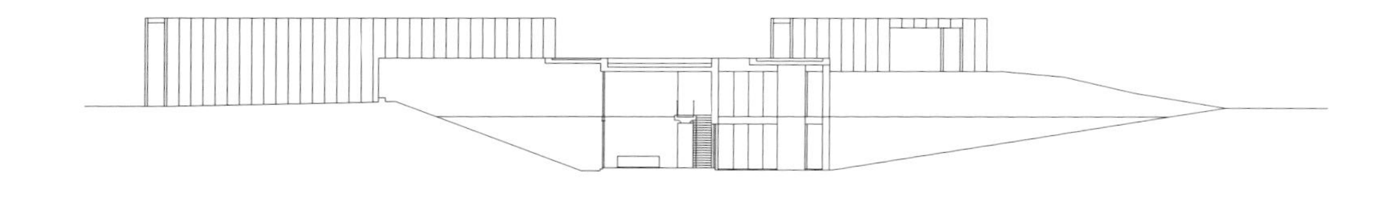

自上而下：
透视图；剖面图

自上而下：
地下一层平面图；地下二层平面图

4×4 住宅

日本，兵库县，神户市，2001—2003

这是一个坐落在神户市垂水区海边的小型私人住宅，从这里可以眺望濑户内海。这个地方的防浪堤曾经高达几十米，但现在它的很大一部分已经被海水侵蚀淹没了。最近的堤岸保护条例允许在一个只有 5 米见方的小空间上施工。安藤说："我们的首要任务是利用基地的位置优势，在这块邮票大小的土地上创造一个丰富的生活空间。"该建筑物是一个塔形结构，其正方形平面图展示的尺寸是允许在该基地内建造的最大的尺寸。建筑的底层是入口，第二层是卧室，第三层是书房，顶层的起居室和厨房是这座房子的核心。因为空间稀缺，所以建筑师采用了简洁直白的设计方案，努力让业主获得最佳的海景。特别值得注意的是，顶层是一个边长为 4 米的立方体，前面窗户朝向大海探出了 1 米。这个项目需要大量的精力来决定细节，有的小细节甚至要精确到 1 毫米，但是，安藤说："事实证明，这是认识到人类生活空间局限性的一次很好的体验。"

JAZZ
BAR
RESTAURANT

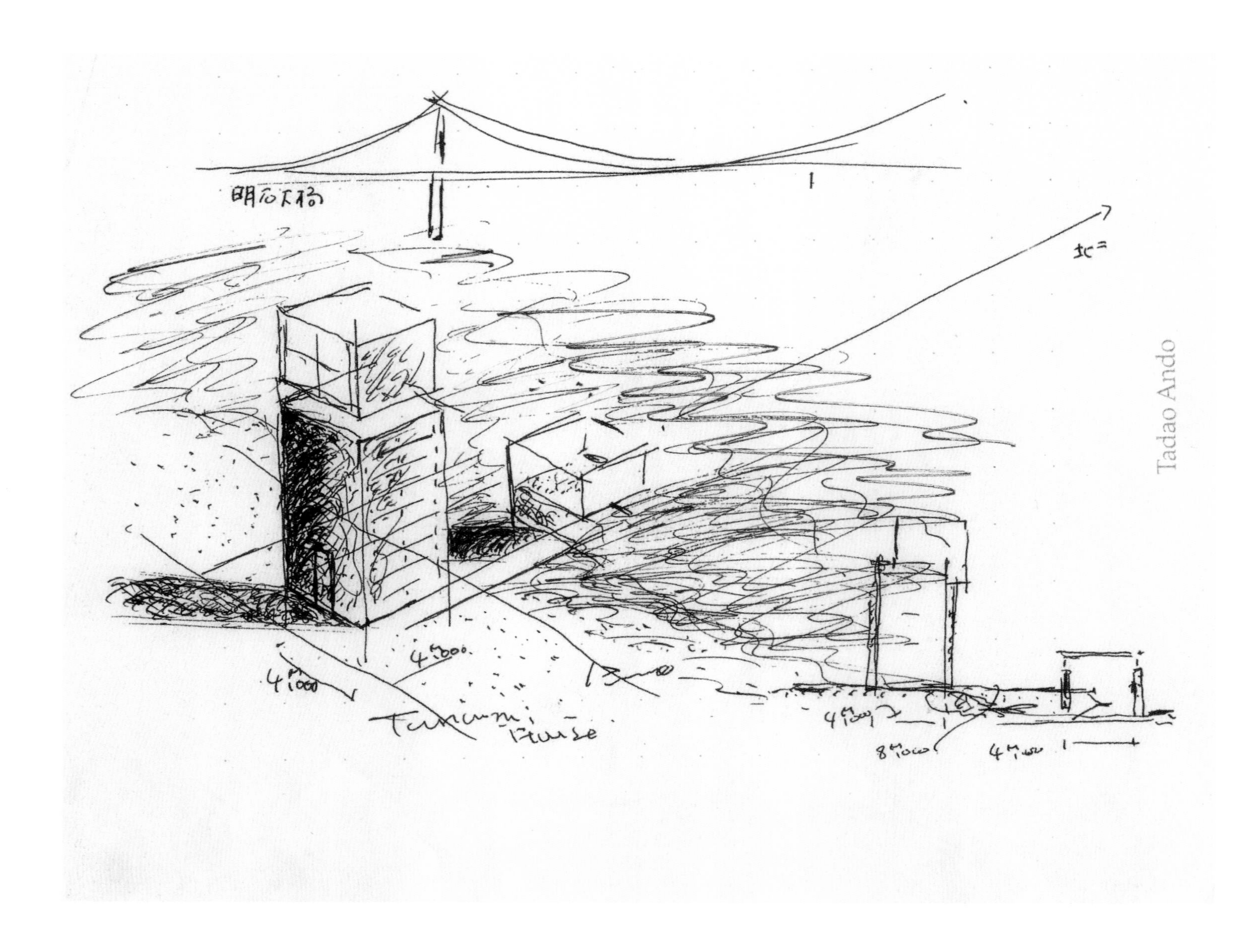

草图描绘了房子与大海的关系

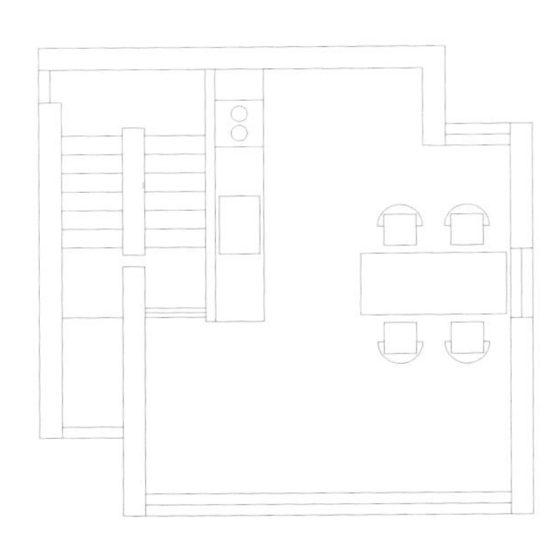

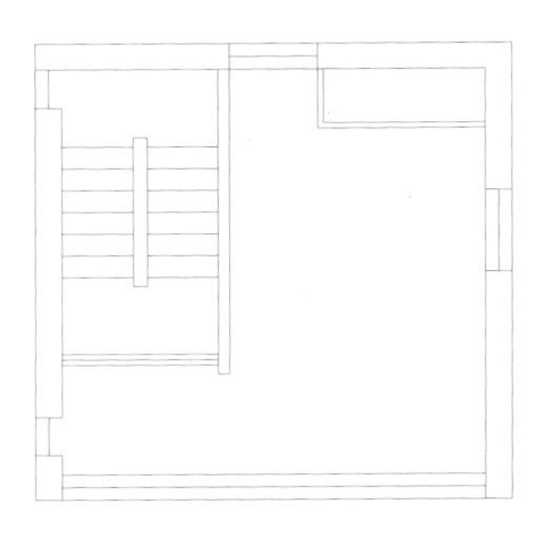

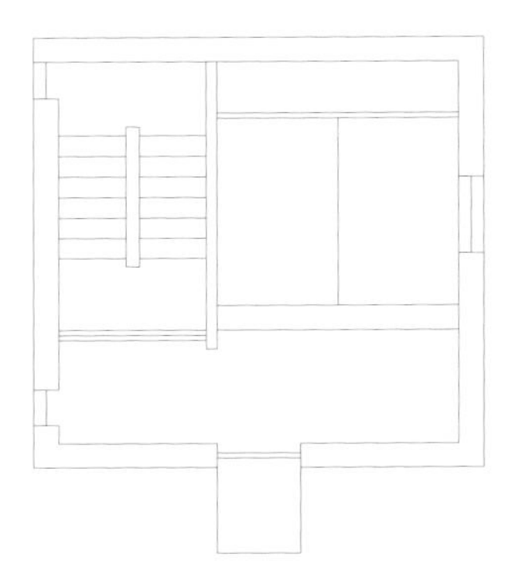

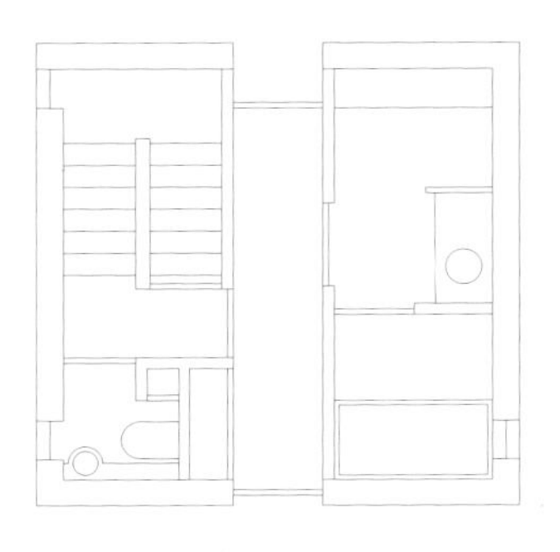

自上而下：四层平面图；
三层平面图；二层平面图；
一层平面图

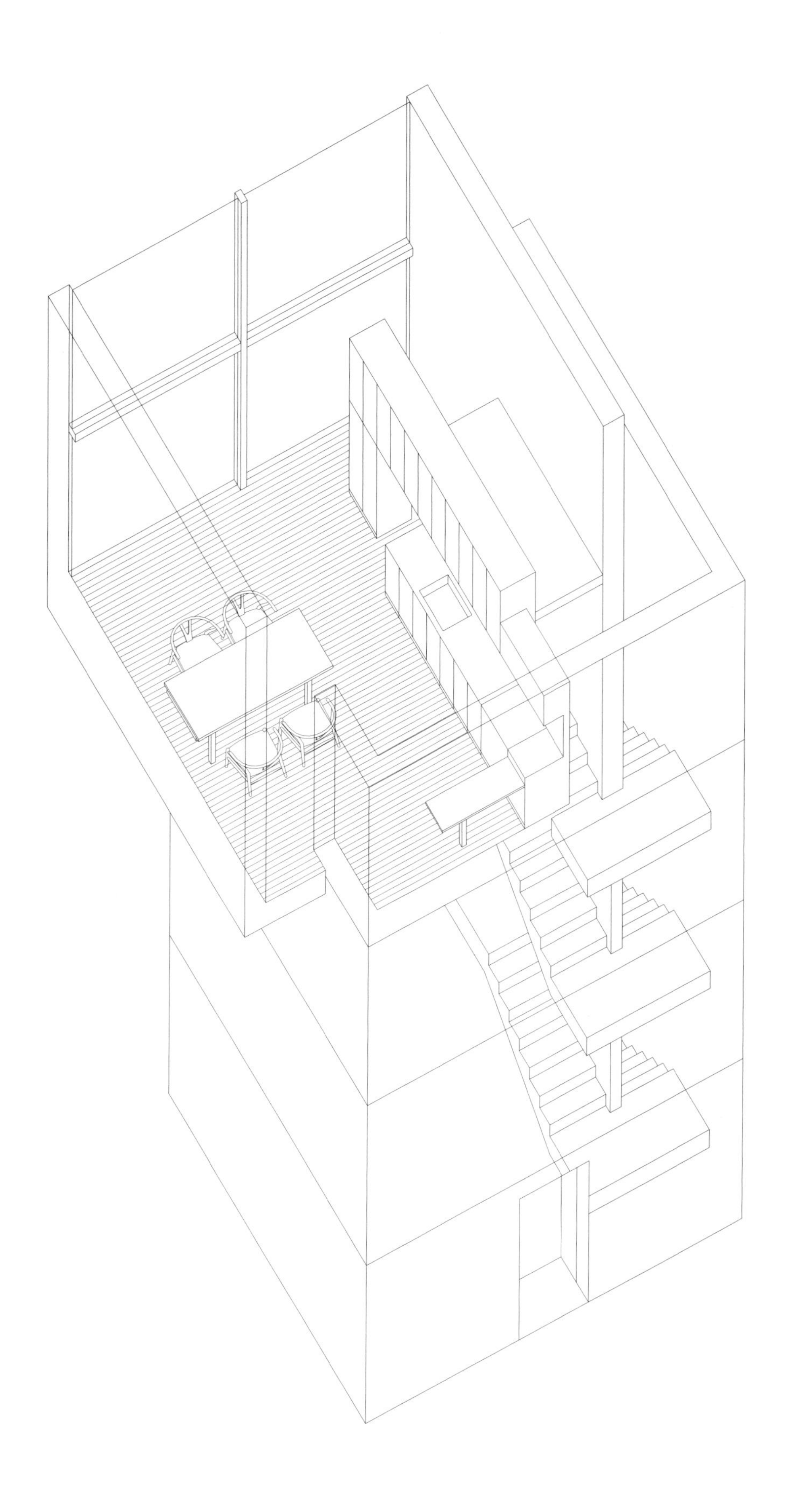

轴测图

曼哈顿的屋顶小楼

美国，纽约州，纽约市，1996

这是一个在 20 世纪 20 年代建造的高楼上增建阁楼的计划，该阁楼将被用作住宅以及客房。安藤说："我们提出了一个与现有高层建筑直接冲突的以钢铁、玻璃、混凝土作为材料的当代建筑形象。"阁楼是建筑物最上层的箱形建筑，用混凝土建造，外包玻璃表皮，如悬浮于空中。在原建筑五层楼的地方，也使用同样素材与形态的箱形体块，以偏斜的角度贯穿嵌入左右对称的高层建筑中。另外，建筑师还考虑在屋顶上设置大片水池，使曼哈顿摩天楼浮现其上，从而演绎惊人的"借景"手法。空中阁楼的存在向外界传递了一个强烈的信息，表明了居民的意图。安藤说："我希望这个嵌入其中的朴素建筑，能像真的刺入城市的风景一样，给曼哈顿这个欲望都市带来新的刺激。"

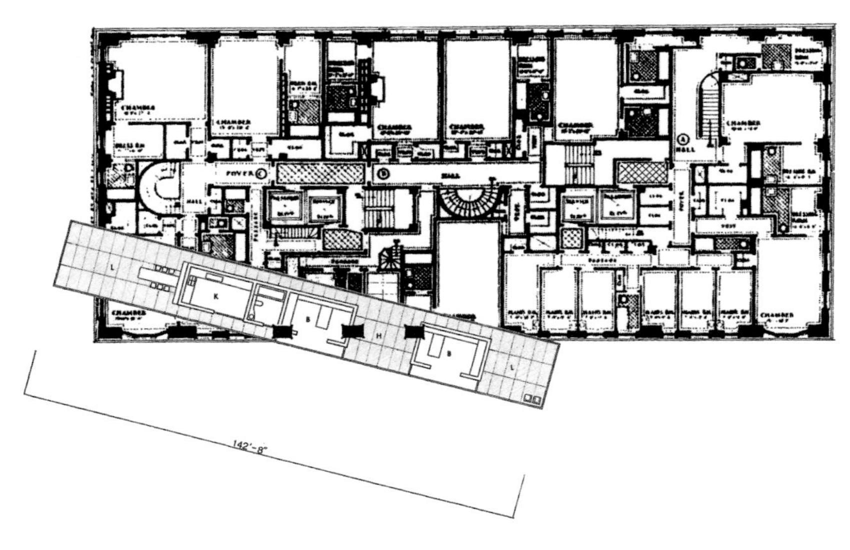

下层平面图

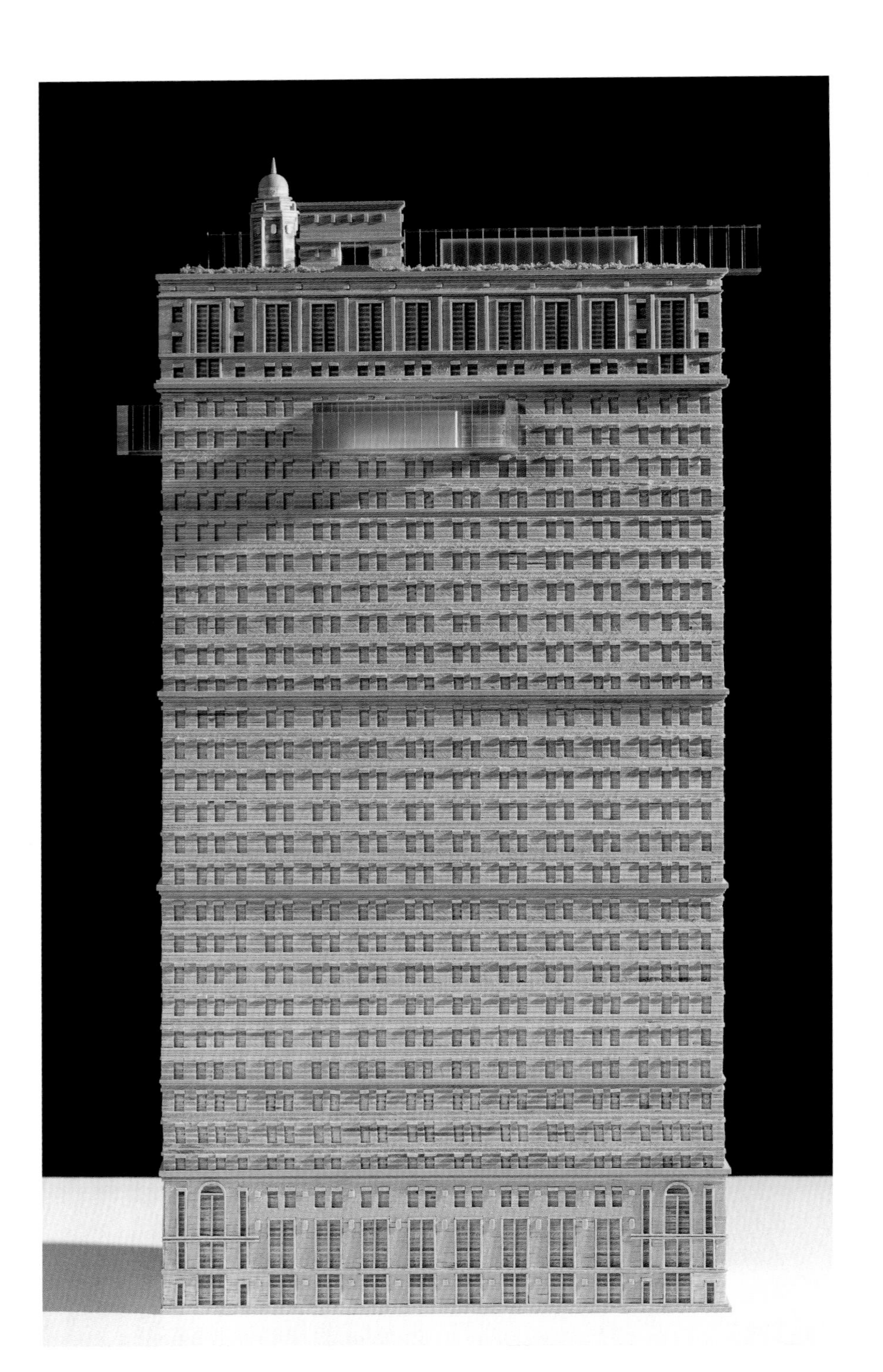

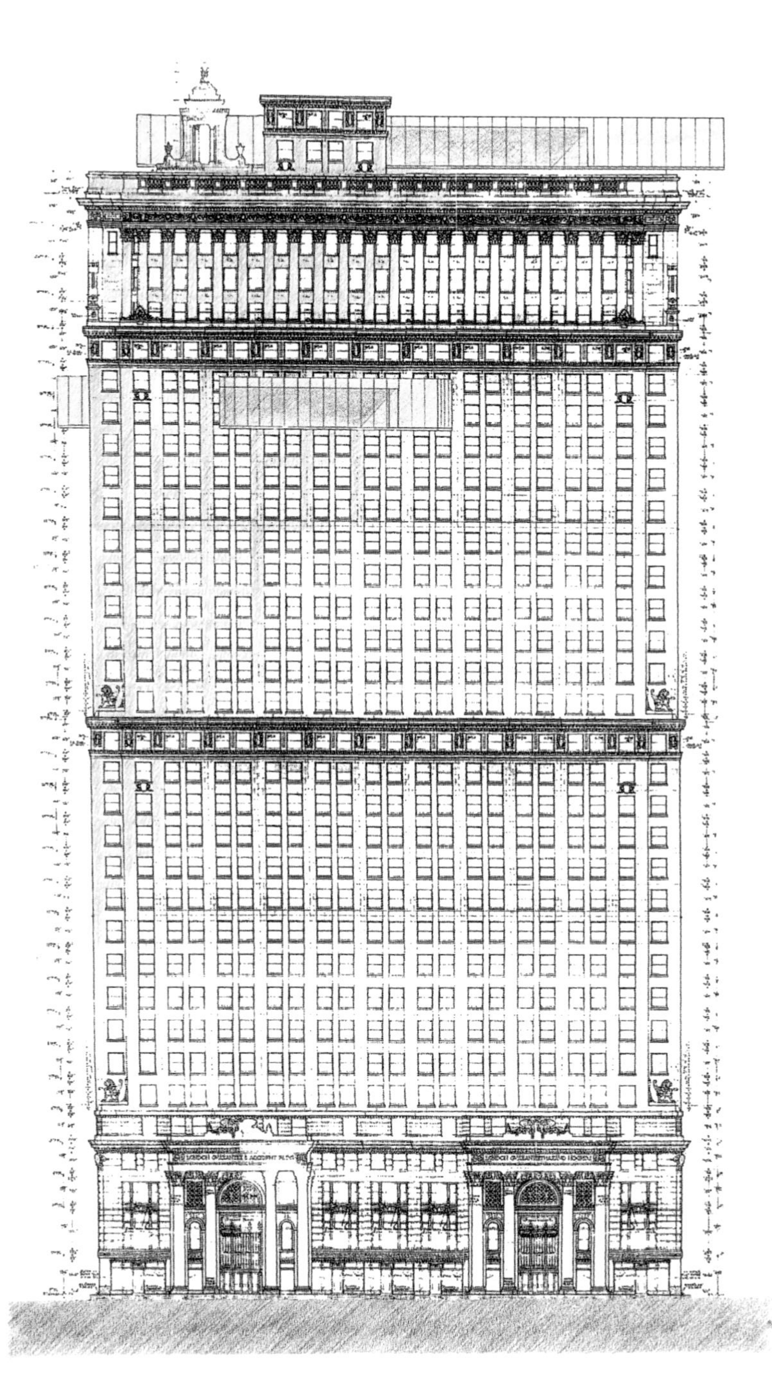

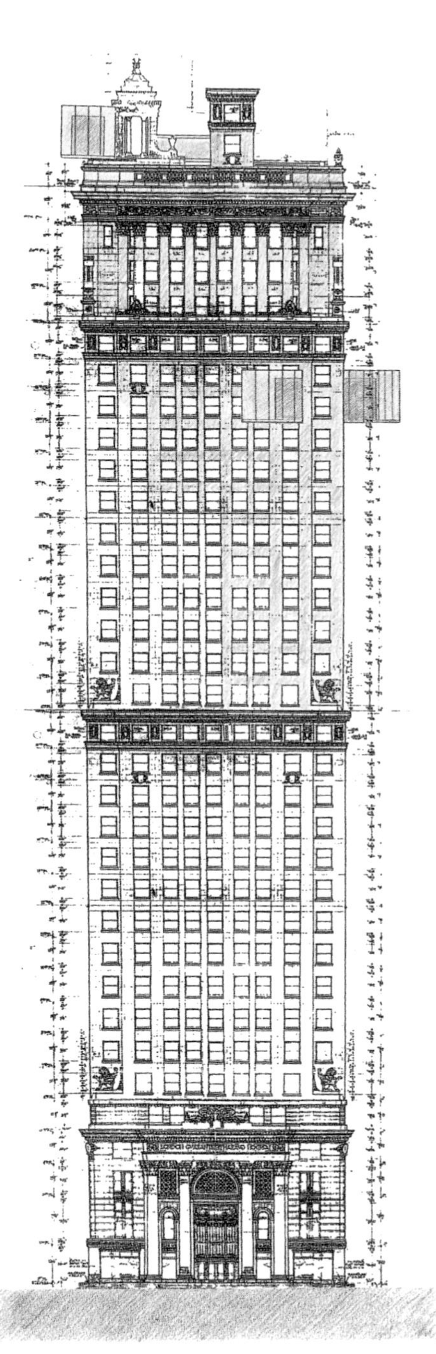

立面图

马里布的住宅

美国，加利福尼亚州，马里布市，2003—2004

该住宅坐落在一个悬崖之上，俯瞰太平洋。安藤试图运用光线和声音来构建建筑空间。他在悬崖上凿出一块空地，以确保生活空间满足两个要求：保护隐私和无障碍地观赏海景。然后，这个体量被重新组织成一个纯几何形式的组合，其中包长方体、三棱柱和立方体，为室内提供了一个动态的光线空间序列。从外部可以看见这些几何体。人工造型与自然之间的强烈对比，强调了位置，凸显了景观。立方体是该体量中最大的部分。在那里，光和声音是定义空间的重要元素。从地板到墙壁，一层连续的双曲抛物面塑造了三维空间，提供了最佳的声学效果。在布鲁塞尔世界博览会上，由勒·柯布西耶和伊安尼斯·塞纳基斯设计的飞利浦展馆（1958 年）直接将建筑外壳设计成双曲抛物面和圆锥面。但是在这个住宅里，所有的东西都包含在实体中，并且根据空间赋予不同的意义。在这里，音乐以及马里布的每一种自然声音——风声、雨声、海浪声——交织在一起，谱写出一部又一部美妙动听的乐章。安藤说："这是一个诞生于无形的光和声音的建筑。"

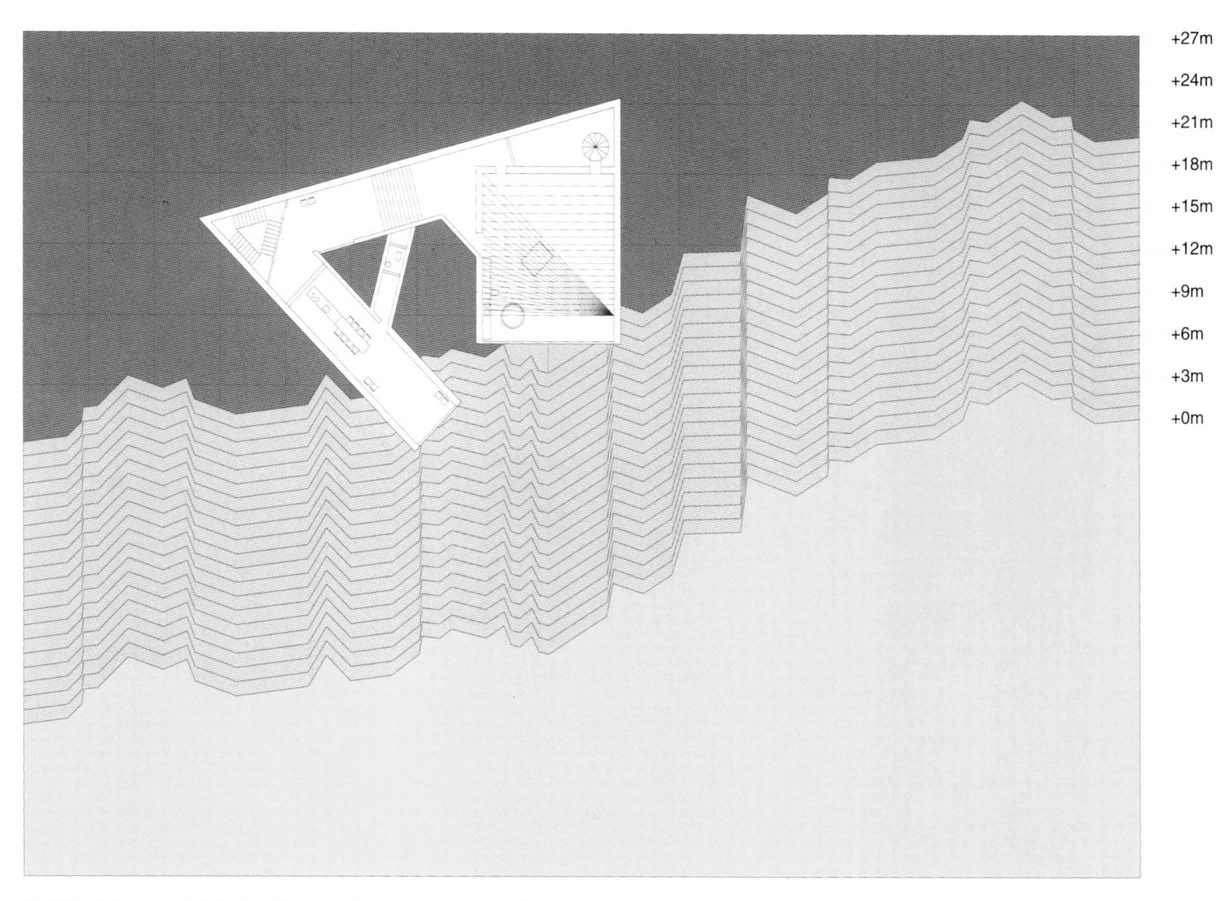
+27m
+24m
+21m
+18m
+15m
+12m
+9m
+6m
+3m
+0m

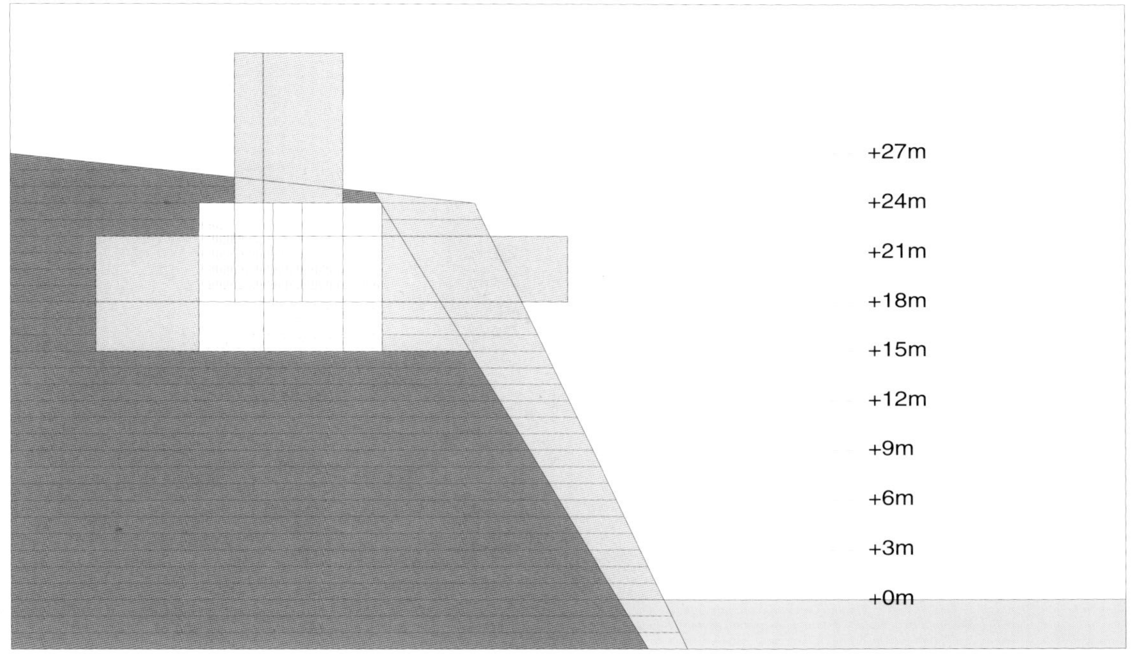
+27m
+24m
+21m
+18m
+15m
+12m
+9m
+6m
+3m
+0m
0
5
10
20m

金门大桥的住宅

美国，加利福尼亚州，旧金山市，2004

这所房子坐落在旧金山西海岸一处崎岖的地形上。安藤把它想象成一个“将外部充满活力的景观引入生活空间的建筑”。房屋的几何结构是以方形网格为基础，用三个不同高度的水平面（一层地面、二层地面、屋顶）叠加在自然地形上的。首先，房间按照功能沿着每个水平面的网格放置。其次，顺着这些房间之间的网格节点的对角线切割开口。切割面可以转化为各种不同的建筑元素，如地板、小桥、天花板和屋檐。这些被切割出来的空隙位于不同水平面的不同位置，它们透叠到建筑的底部，将周围的景观、自然、风和光线引入室内。楼梯、游泳池和露台等松散地连接着室内外区域，它们衔接各个水平面，使其成为一个整体。分层透叠水平面触发了这个设计概念，也呼应了海平面。水平面上被人为切割的几何结构为内部空间提供了闪动的光影和景观。这个建筑是一个能将此地的潜力最大化的装置。

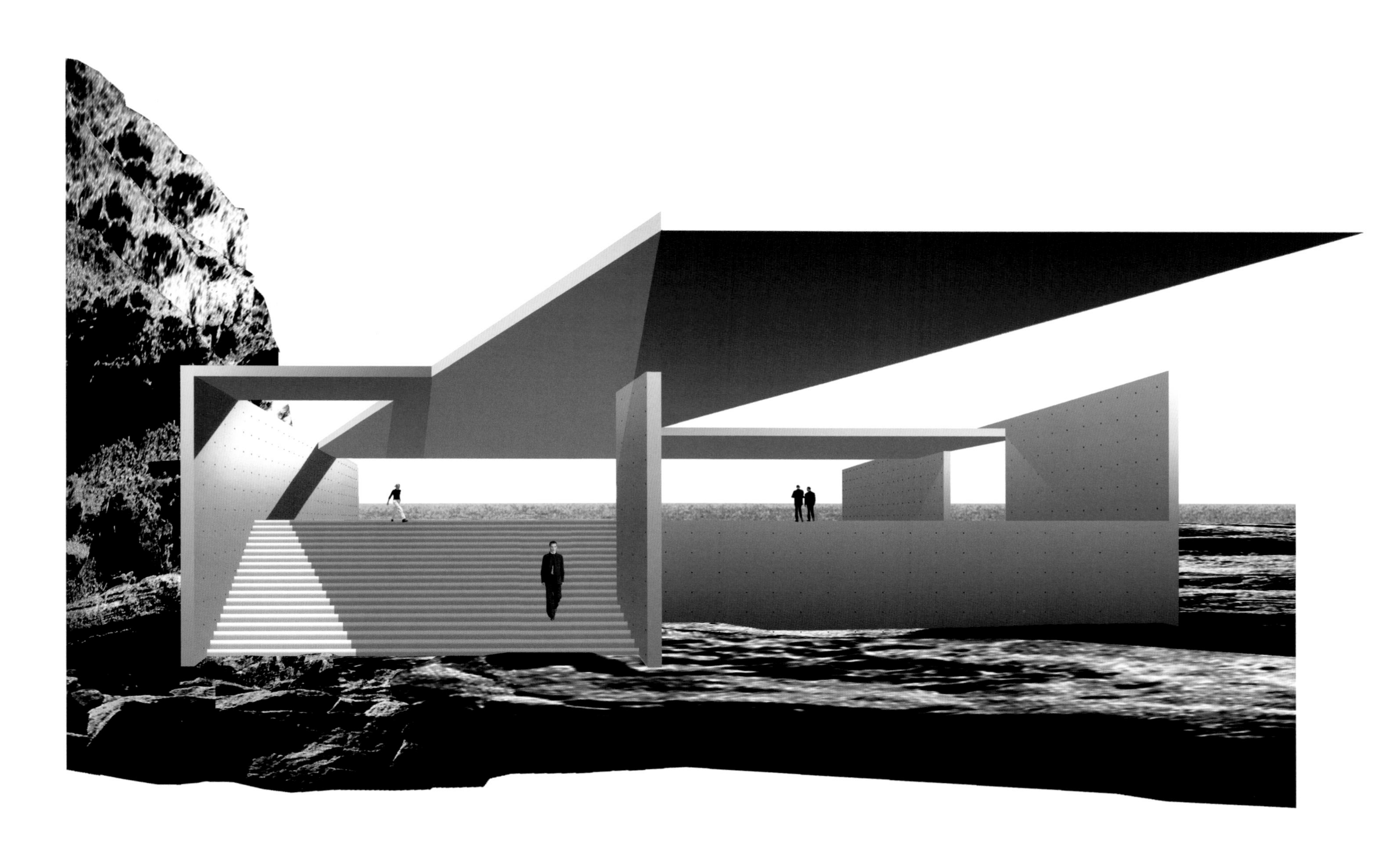

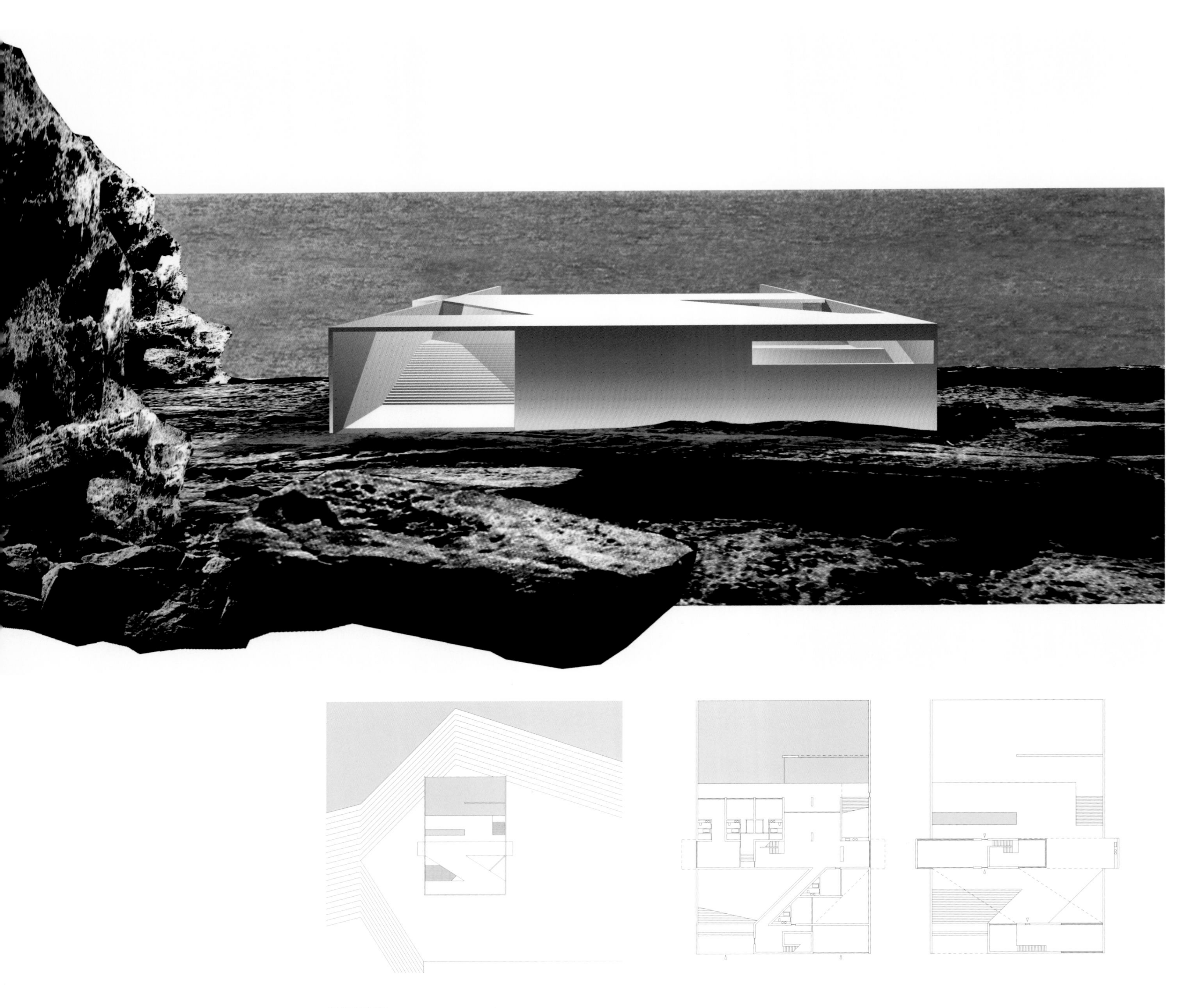

左下至右下：
基地平面图；一层平面图；二层平面图

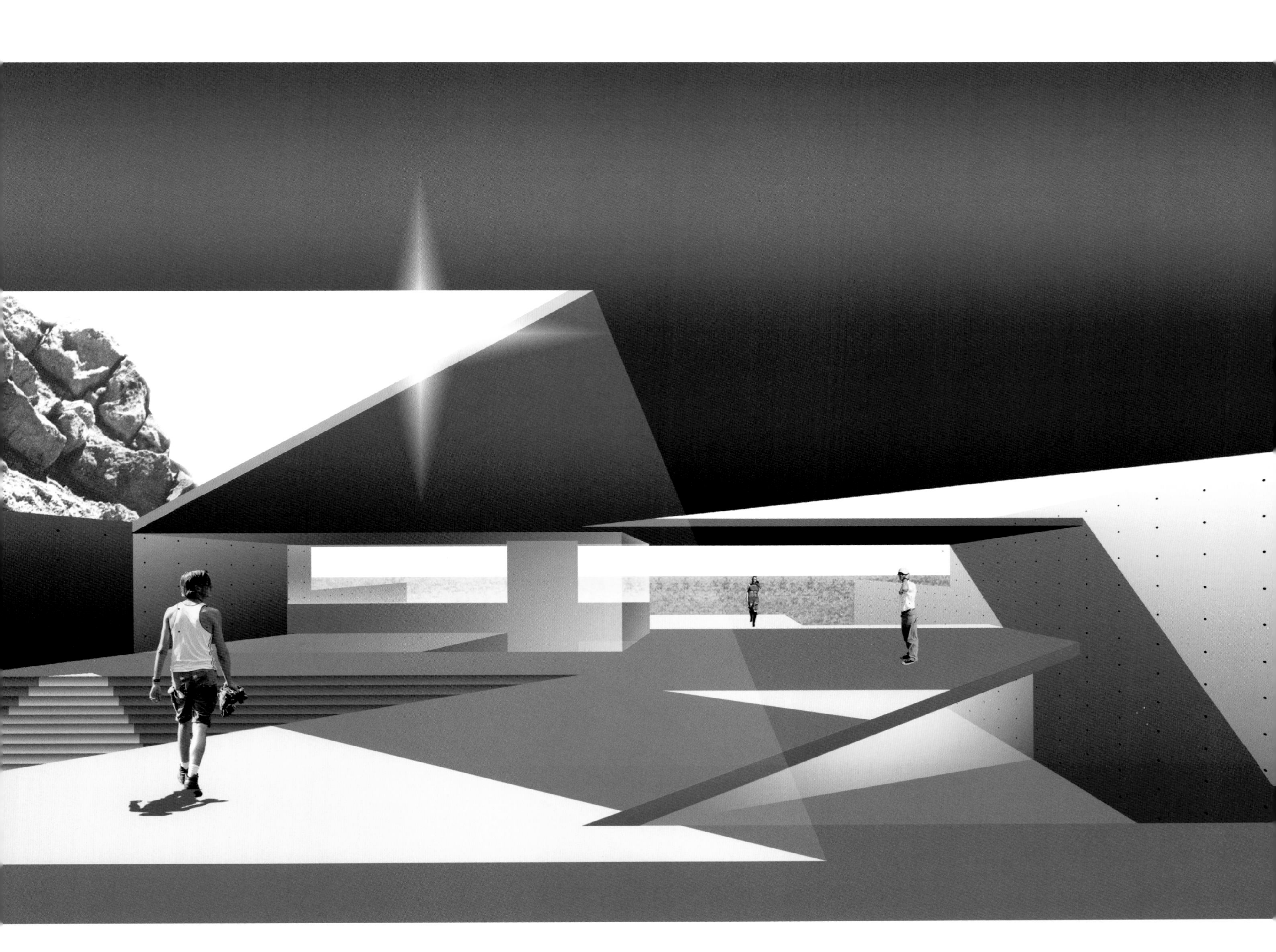

韧公园住宅

日本，大阪，2007—2010

该住宅是为一对夫妇和他们的两只狗设计的，位于大阪市中心，其南面是一个绿意盎然的公园。它不到 5 米宽，但纵深有 27 米。住宅两边都是中高层建筑，从某种意义上说，这个地方被笼罩在阴影中。安藤利用场地狭长的特征，构思了一个以“捕捉”公园绿色植物为理念的设计。该方案的空间构成简单，有四面围墙。其中的一个庭院直接通向南面的公园，另一个庭院面向北面的入口。室内生活区位于这两个庭院之间。阳光充分照射到室内空间；微风从南向北穿过房子。楼梯、浴室和机械室集中在北半部分，餐厅和双层高的起居室在南半部分。从客厅可以看到一个 3.6 米高的完全覆盖着绿色植物的植物墙，将南院和公园隔开。它配备了一个种植系统，创造了一个垂直的绿色表面与公园的绿色植物相连。此外，为了在内部和外部之间创造一种连续性，将房子和外部的公园连接起来，房子的内部和外部地板采用了相同的石材。私人空间位于楼上。卧室从公园向北退移，卧室的南面有一个大屋顶露台。在卧室的后面，一间书房悬在北院上方。从内部，通过纵深 9 米的屋顶露台，可以看到一棵大樟树和大量的绿色植物。这座房子的概念化“使得整个建筑成为一个系统地将自然引入室内的装置”。

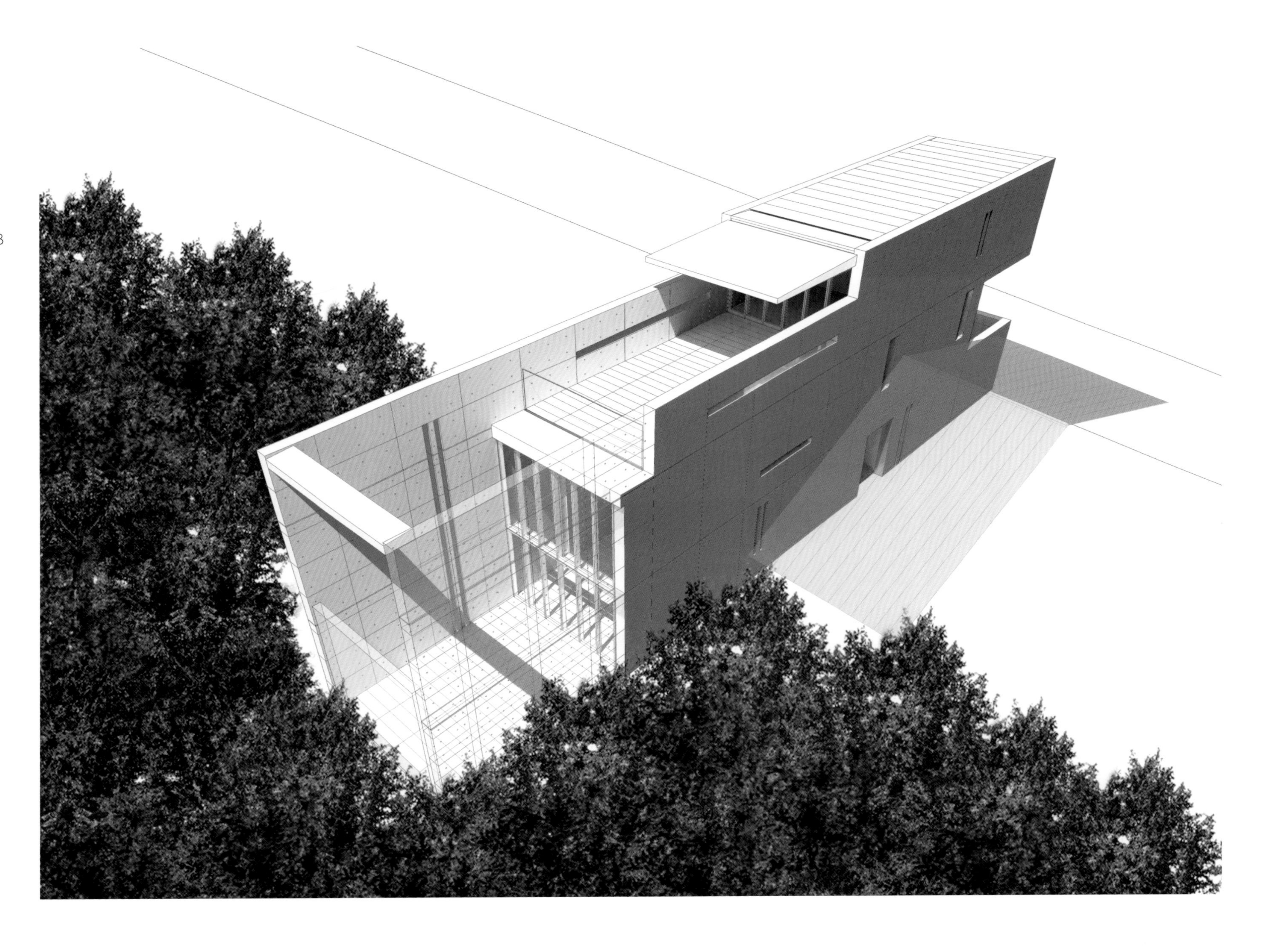

透视图

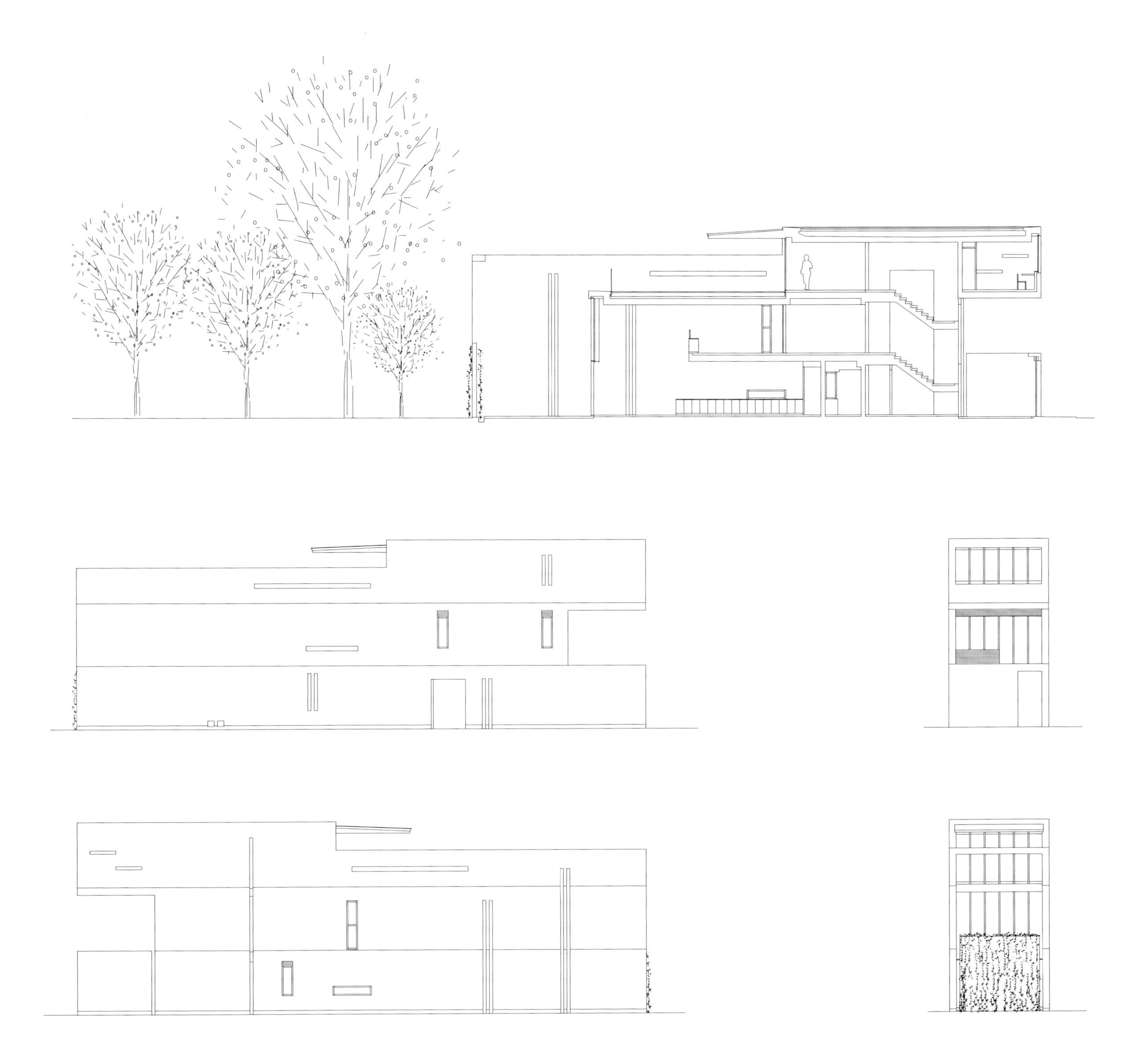

剖面图和立面图

HIROSHI SUGIMOTO
HIROSHI SUGIMOTO
SUGIMOTO

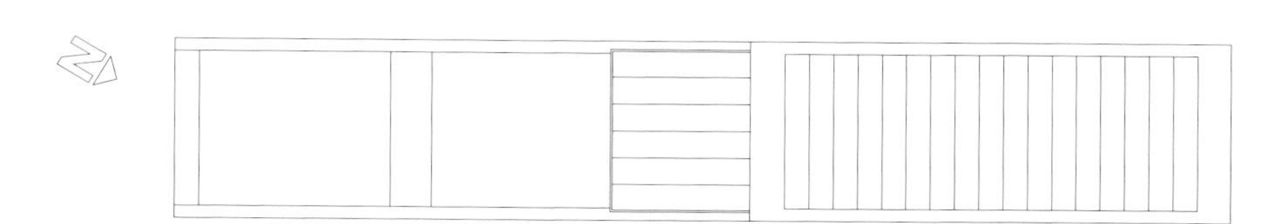

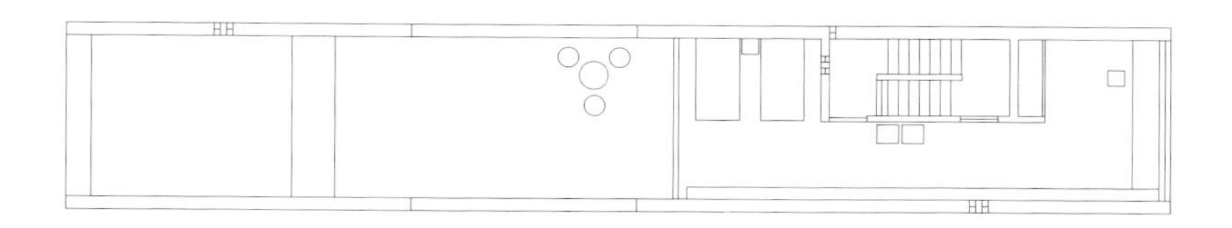

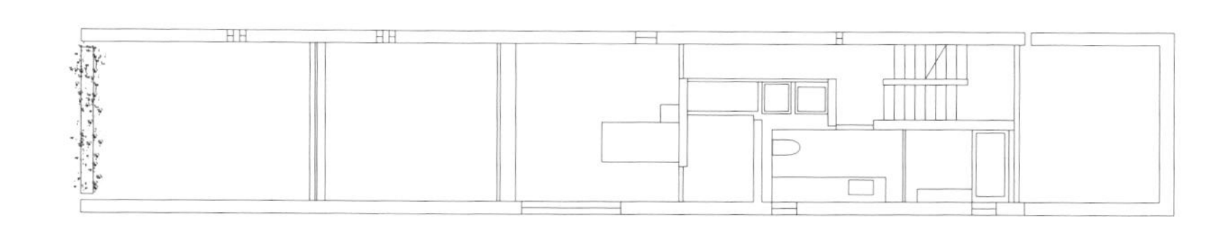

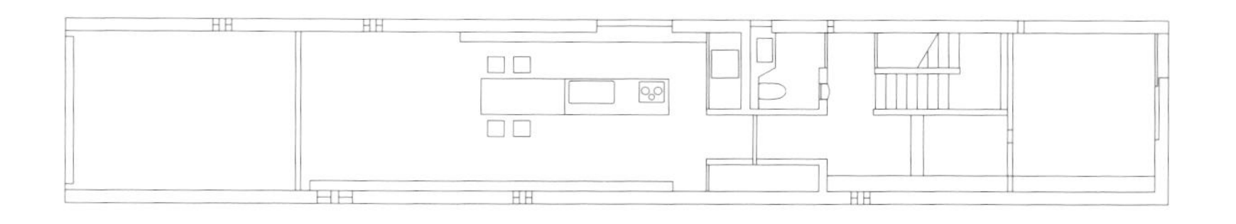

自上而下：屋顶平面图；三层平面图；
二层平面图；一层平面图

斯里兰卡的住宅

斯里兰卡，韦利加马，2004—2008

这所高大的住宅是为一对比利时夫妇萨斯基亚和皮埃尔设计的。它坐落在一个俯瞰印度洋的悬崖之巅。虽然安藤最初是在 2004 年接触这个项目的，但 2004 年 12 月 26 日，一场席卷大片海域的印度洋海啸导致工程延期了。后来，安藤与 PWA 建筑事务所合作，并从日本请来施工现场的管理人员，以监督主体结构使用的现浇混凝土。设计还采用了当地寺庙的石头、天然石材和木材。住宅的钢门和钢窗是在比利时定制的。面积为 2 577 平方米，房子的项目相对复杂，由客户自己的住宅、宾客区和一个为画家女主人萨斯基亚 · 普林吉尔斯（Saskia Pringiers）建造的画室组成。安藤解释道："这些项目分布在之字形的体量中，它们之间形成的空隙被设计为与斯里兰卡自然环境进行对话的场所。"安藤忠雄借鉴了日本传统空间——既不完全是室内也不完全是室外——的特点，充分利用当地的气候来提供"半室外"的区域，但正如他所说的，"这所住宅在规模和场所方面，与我在日本建造的城市住宅完全不同"。

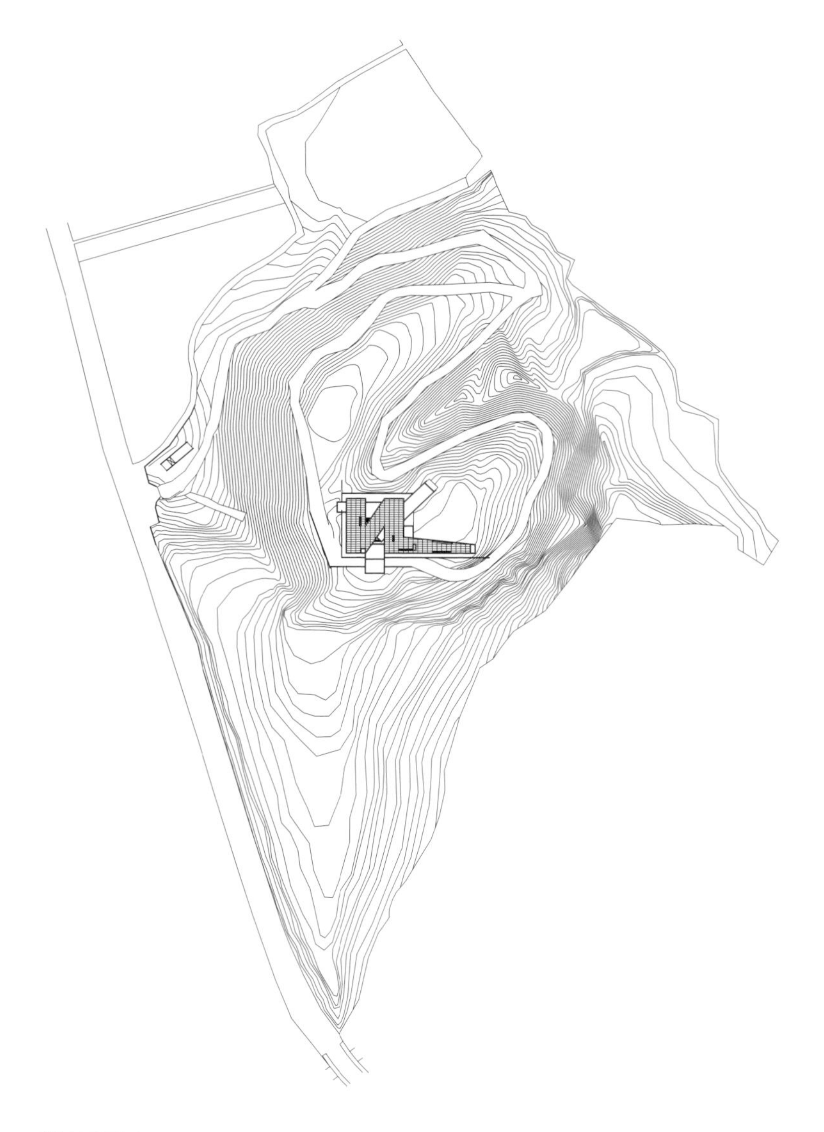

基地平面图

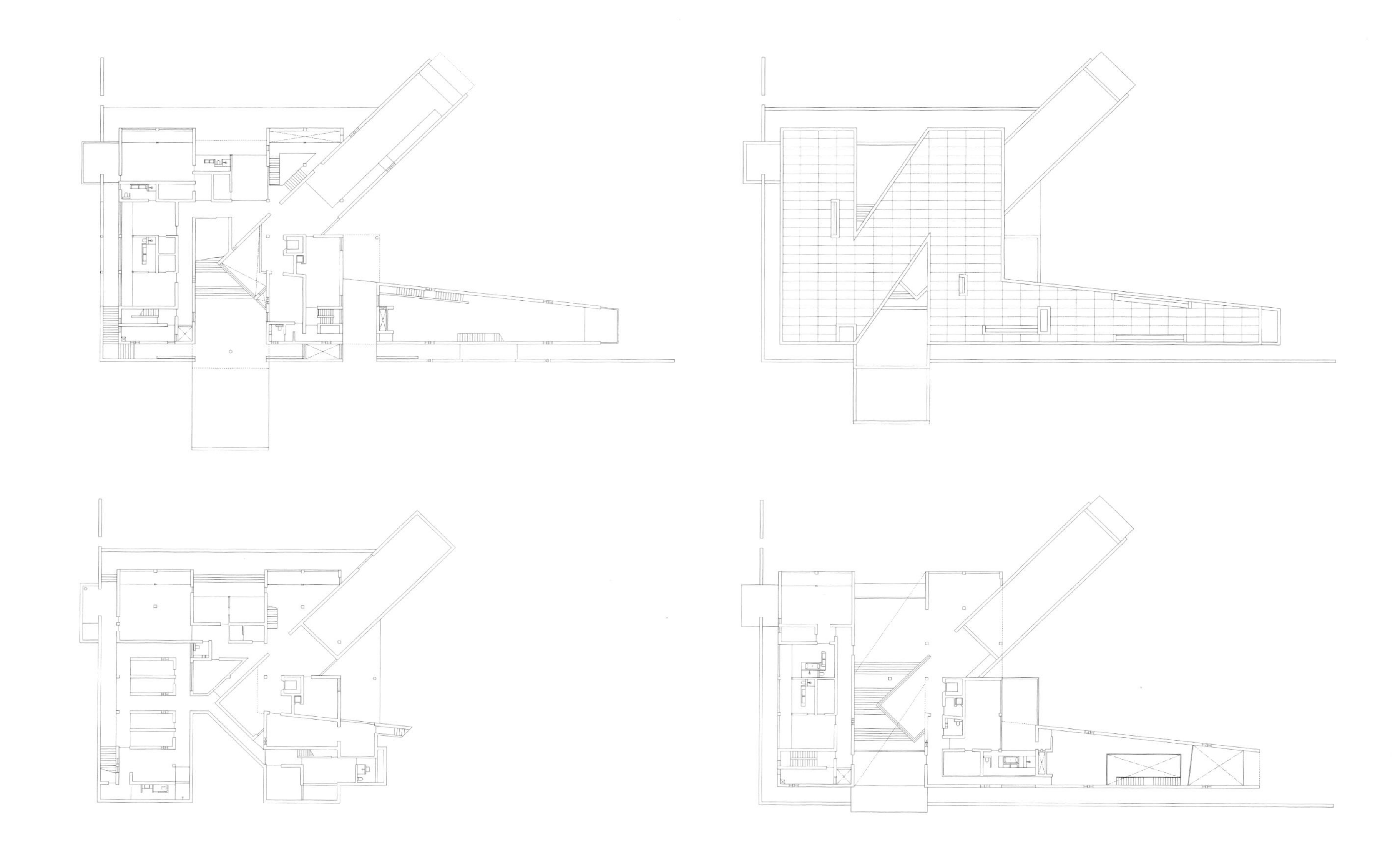

左上至左下：一层平面图；地下室平面图
右上至右下：屋顶平面图；二层平面图

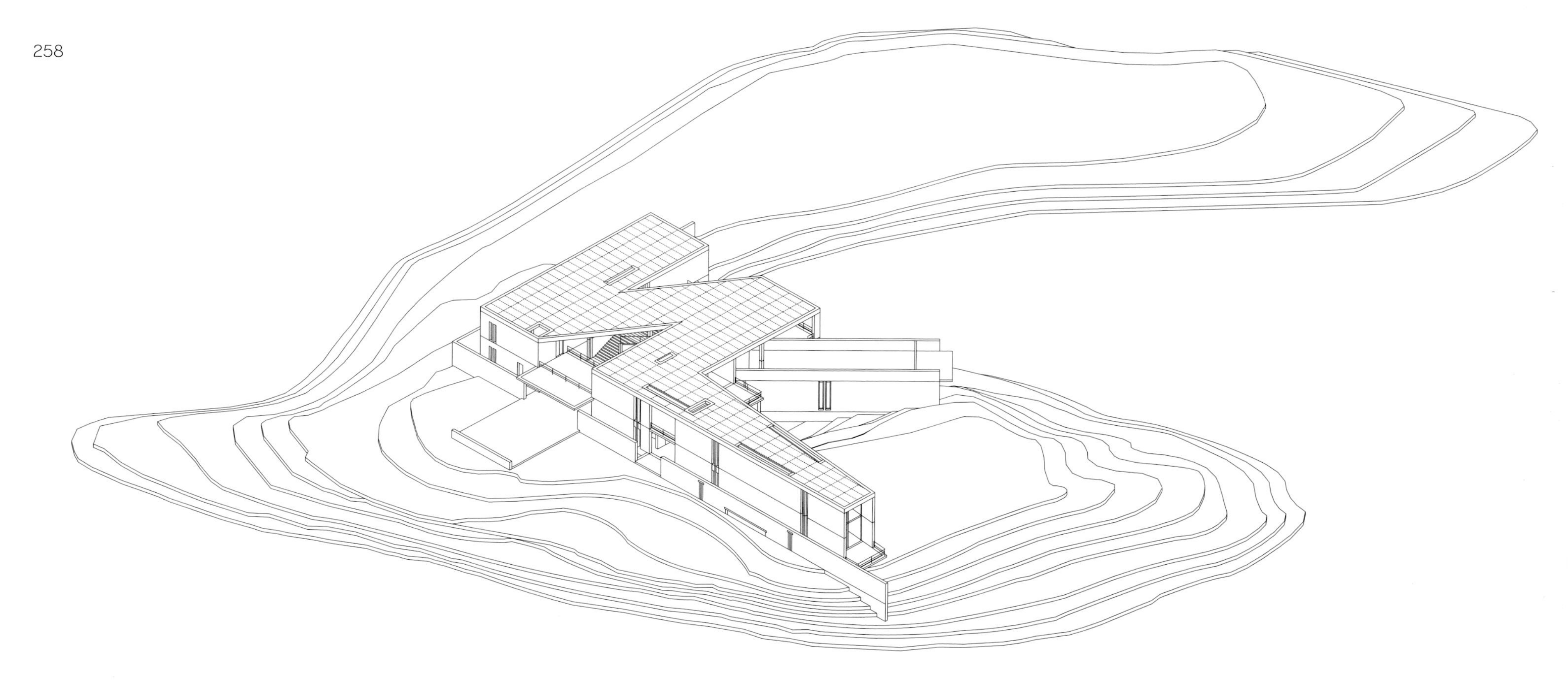

等高线地形图

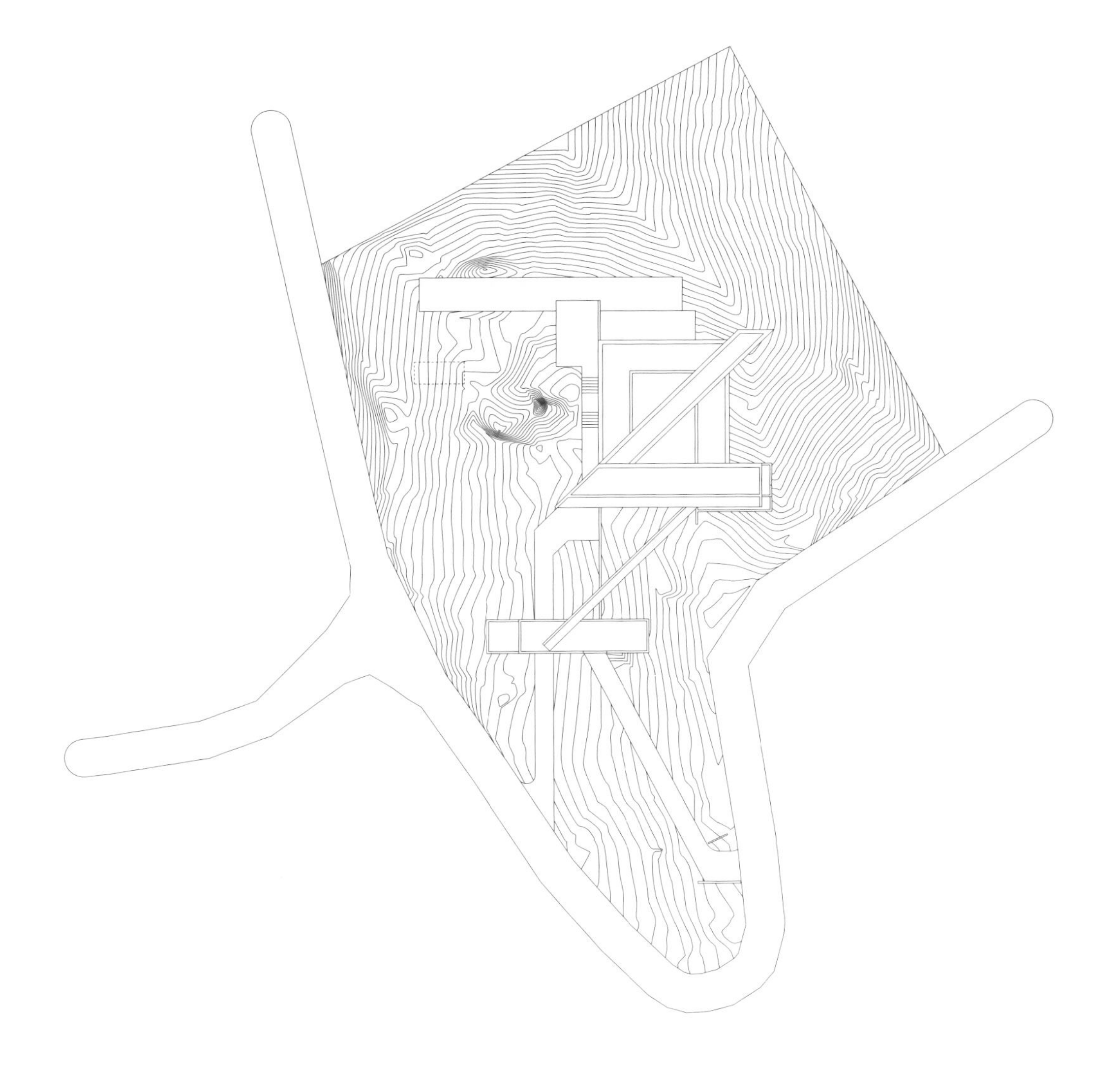

蒙特雷的住宅

墨西哥，蒙特雷，2006—2011

这个大型的三层住宅（1 519 平方米）位于墨西哥东北部的新莱昂州首府蒙特雷的国家公园附近的一片茂密丛林中。安藤说："客户要求房子与周围环境融为一体，在保证完美隐私的情况下，将美丽的景色引入室内。我想方设法实现这个房子的主题——虽然开放但对外封闭——并采用了与主题相对应的几何图形。"这个几何图形是从中心方形体量发展而来的，该体量上方叠加了一个更加特别的 Z 字形，一座高大宽敞的图书馆将两个部分相连。私人区域位于方形体块中，而包括私人画廊在内的公共空间，则位于 Z 形体块中。尽管安藤将这座住宅视为对已故墨西哥建筑师路易斯 · 巴拉甘的致敬，但是他仍然忠实于自己喜爱的混凝土，以及石灰岩和花岗岩。他没有冒险采用墨西哥人偏爱的鲜艳的饱和色彩，但他确保了房子的设计包含对巴拉甘"现代建筑精髓"的个人诠释。安藤还为同一个业主的家庭在蒙特雷设计了一座大学建筑（蒙特雷大学 RGS 中心）。

基地平面图

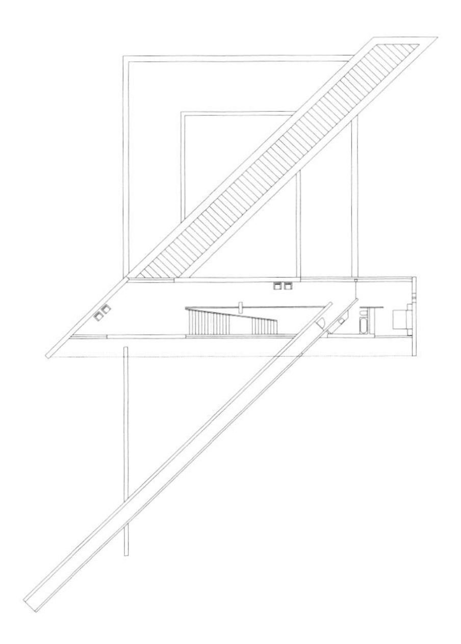

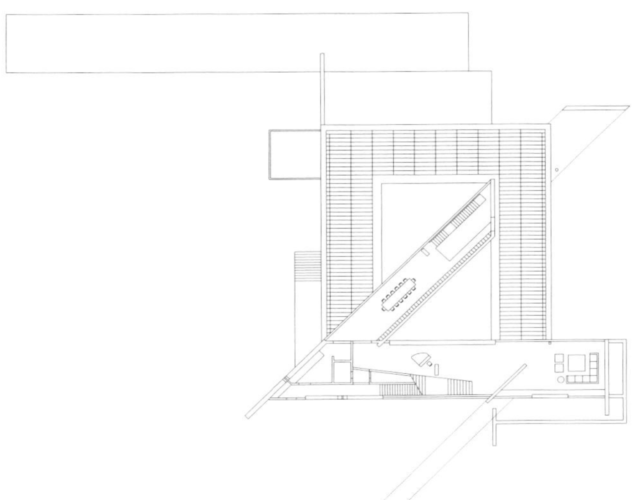

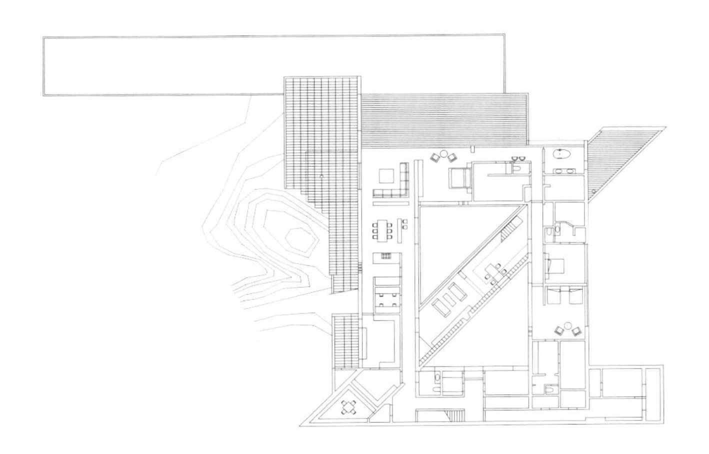

自上而下：
三层平面图；二层平面图；一层平面图

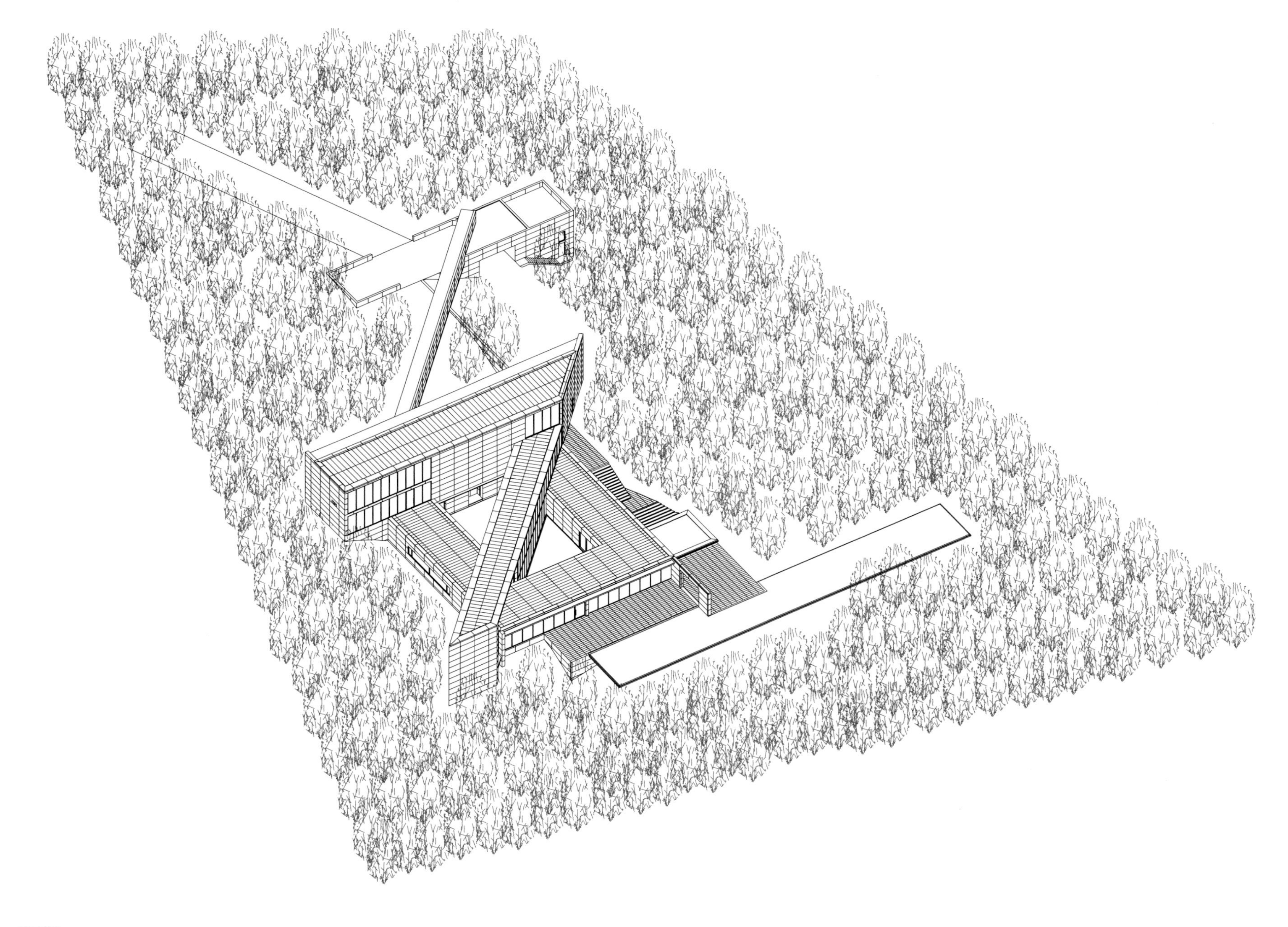

轴测图

住宅时间线

TIME LINE OF HOUSES

1971

天鹅——小林宅

基地位置：日本，大阪

设计时间：1971

基地面积：198 平方米

占地面积：101 平方米

总建筑面积：218 平方米

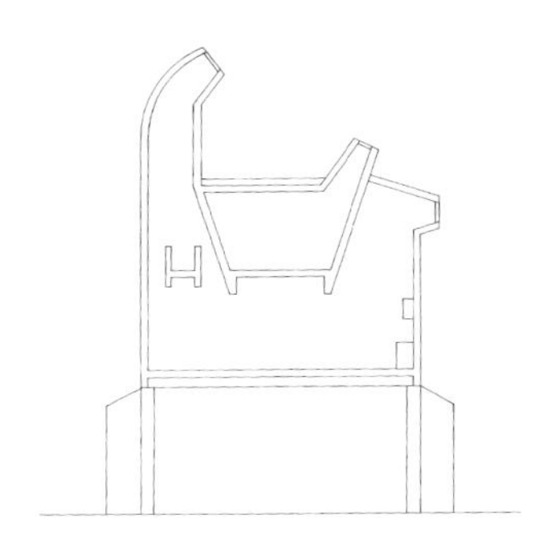

富岛宅

基地位置：日本，大阪

设计时间：1972

施工时间：1972—1973

基地面积：55.2 平方米

占地面积：36.2 平方米

总建筑面积：72.4 平方米

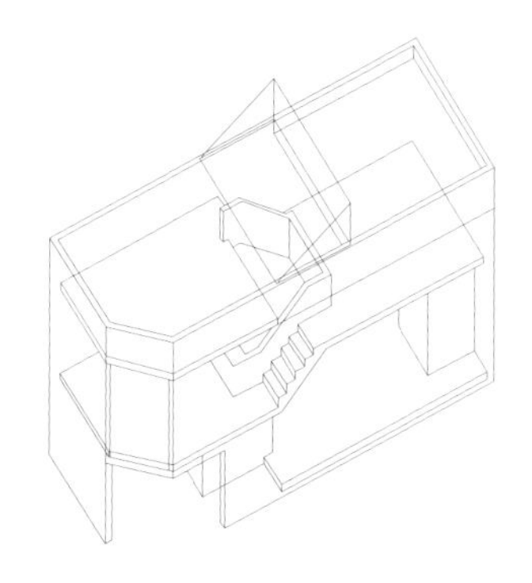

立见宅

基地位置：日本，大阪

设计时间：1972—1973

施工时间：1973—1974

基地面积：61.8 平方米

占地面积：56.1 平方米

总建筑面积：135.5 平方米

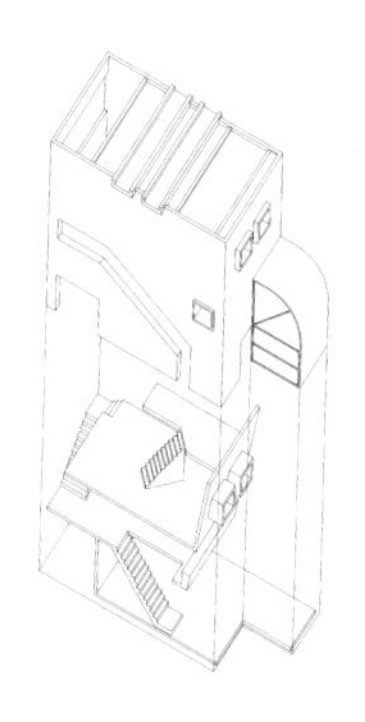

1972

城市游击战住宅——加藤宅

基地位置：日本，大阪

设计时间：1972

基地面积：126 平方米

占地面积：80.1 平方米

总建筑面积：109.6 平方米

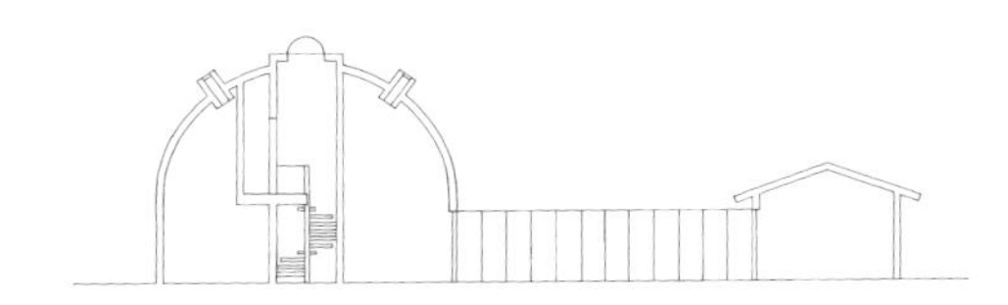

平冈宅

基地位置：日本，兵库县，宝冢市

设计时间：1972—1973

施工时间：1973—1974

基地面积：238 平方米

占地面积：58 平方米

总建筑面积：87.9 平方米

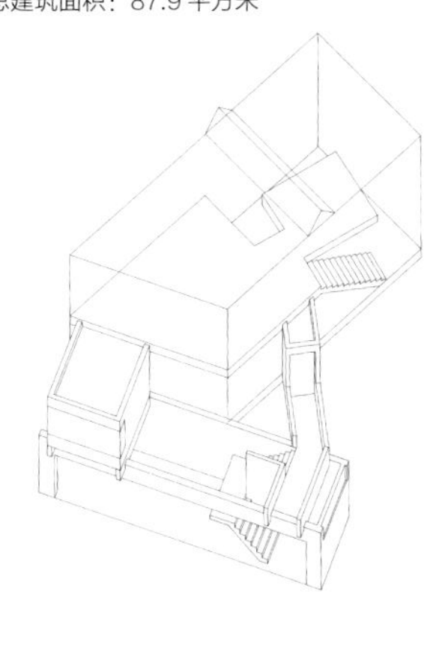

高桥宅

基地位置：日本，兵库县，芦屋市

设计时间：1972

施工时间：1973，1975（扩建）

基地面积：158.5 平方米

占地面积：70.6 平方米

总建筑面积：154.6 平方米

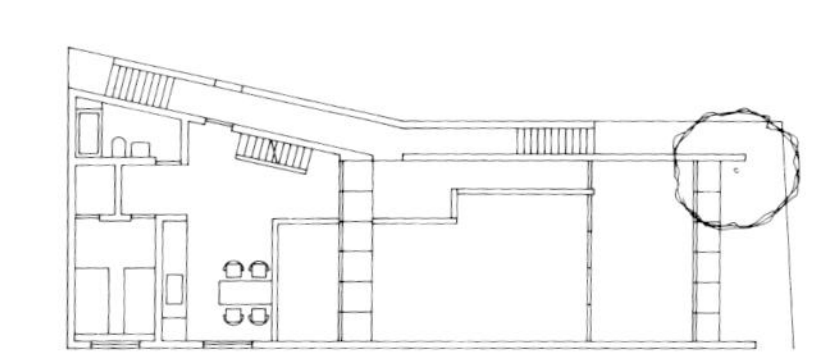

1973

芝田宅

基地位置：日本，兵库县，芦屋市

设计时间：1972—1973

施工时间：1973—1974

基地面积：186.9 平方米

总建筑面积：144.6 平方米

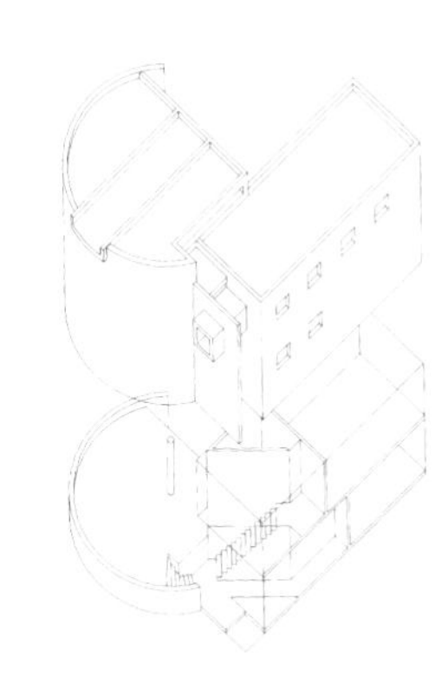

宇野宅

基地位置：日本，京都

设计时间：1973—1974

施工时间：1974

基地面积：84.5 平方米

占地面积：42 平方米

总建筑面积：63.7 平方米

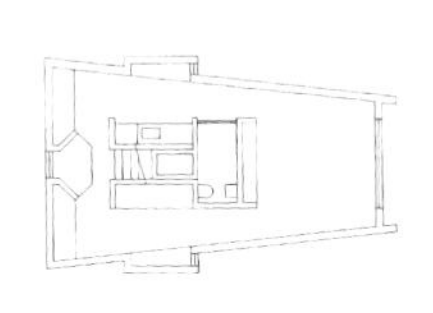

山口宅双生观增建茶室

基地位置：日本，兵库县，宝冢市

设计时间：1981—1982

施工时间：1982

基地面积：255.4 平方米

占地面积：15.5 平方米

总建筑面积：12.8 平方米

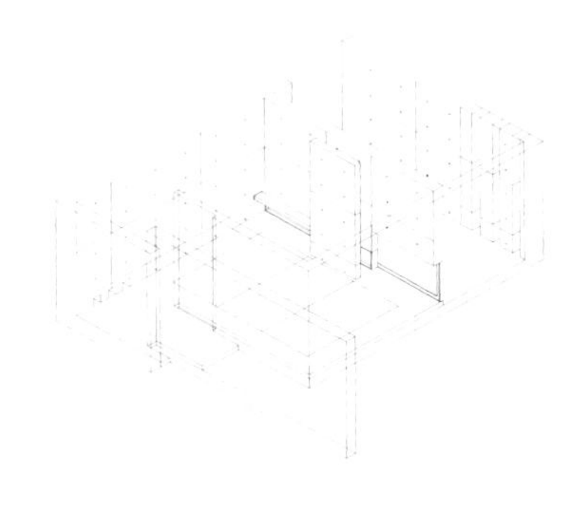

1974

内田宅

基地位置：日本，京都

设计时间：1972—1973

施工时间：1973—1974

基地面积：3 641.3 平方米

占地面积：84.6 平方米

总建筑面积：106.7 平方米

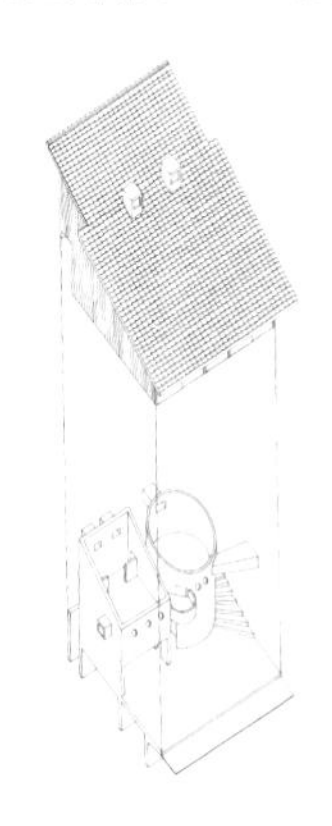

山口宅双生观

基地位置：日本，兵库县，宝冢市

设计时间：1974—1975

施工时间：1975

基地面积：523.6（255.4 + 268.2）平方米

占地面积：97.5 平方米

总建筑面积：161.9 平方米

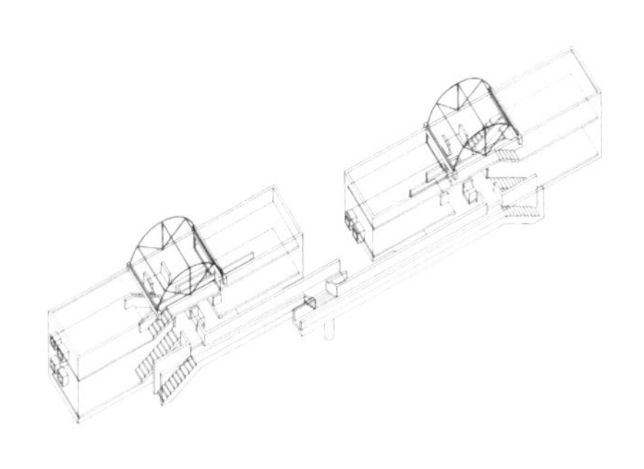

松村宅

基地位置：日本，兵库县，神户市

设计时间：1974—1975

施工时间：1975

基地面积：491.1 平方米

占地面积：81 平方米

总建筑面积：145.6 平方米

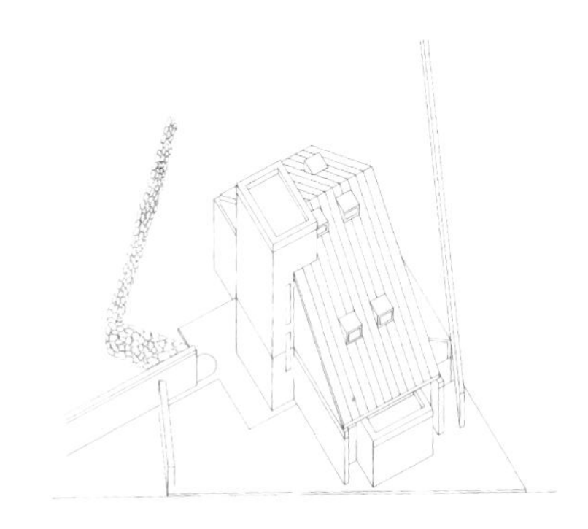

1975

双生观

设计时间：1975

基地面积：85.1 平方米

占地面积：70.6 平方米

总建筑面积：107.2 平方米

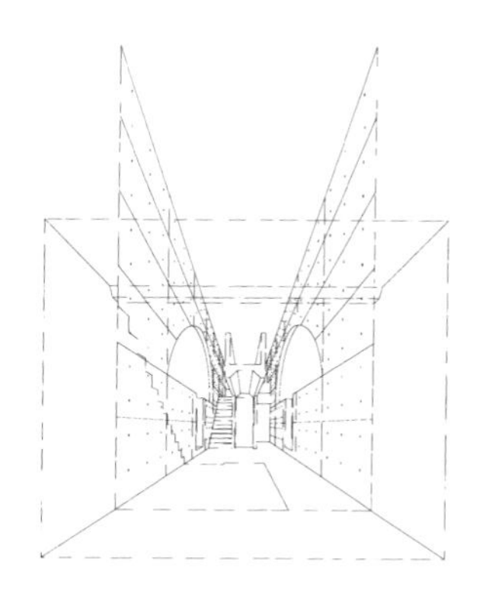

住吉的长屋（东宅）

基地位置：日本，大阪

设计时间：1975

施工时间：1975—1976

基地面积：57.3 平方米

占地面积：33.7 平方米

总建筑面积：64.7 平方米

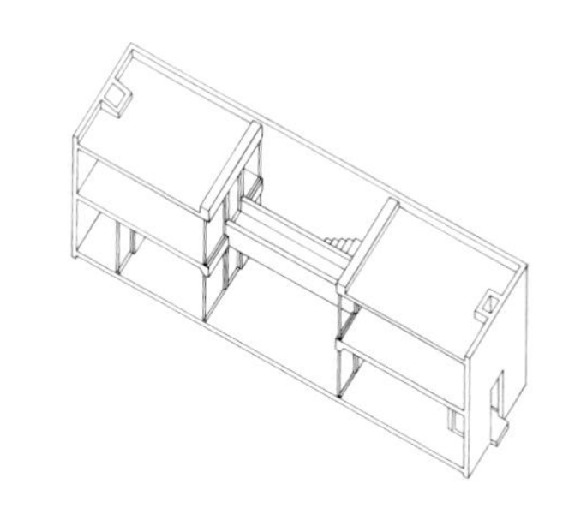

番匠宅

基地位置：日本，爱知县，三好市

设计时间：1975—1976

施工时间：1976

基地面积：168.3 平方米

占地面积：62.5 平方米

总建筑面积：85.7 平方米

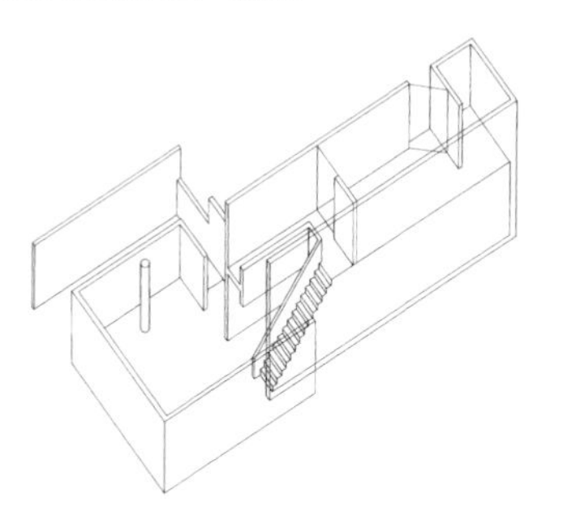

四套公寓楼

基地位置：日本，大阪

设计时间：1975

基地面积：171 平方米

占地面积：84 平方米

总建筑面积：226 平方米

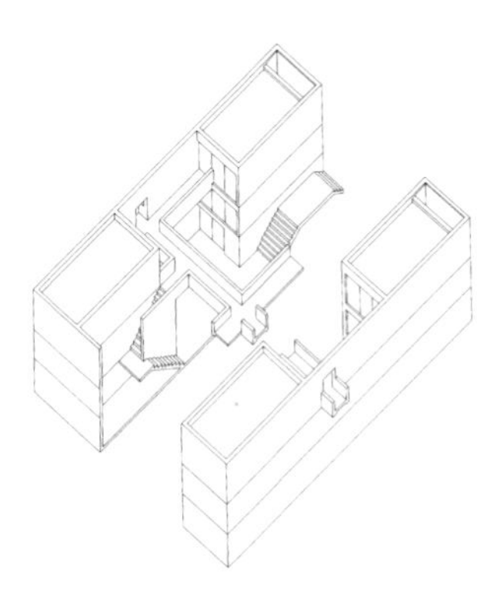

贯入——平林宅

基地位置：日本，大阪，隅田区

设计时间：1975

施工时间：1975—1976

基地面积：394.4 平方米

占地面积：143.3 平方米

总建筑面积：211.7 平方米

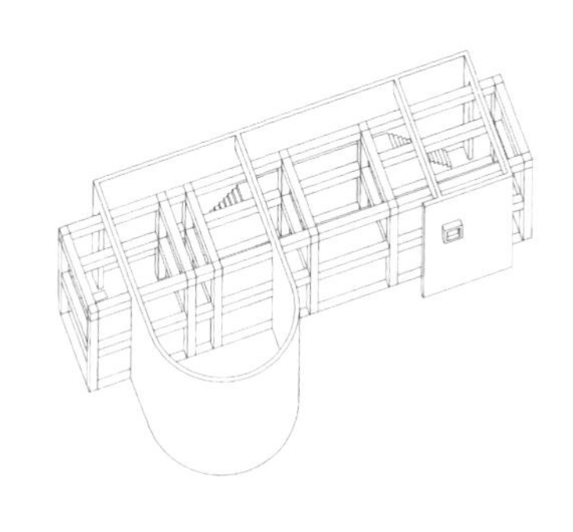

番匠宅扩建项目

基地位置：日本，爱知县，三好市

设计时间：1980

施工时间：1980—1981

基地面积：168.3 平方米

占地面积：35.4 平方米

总建筑面积：28.2 平方米

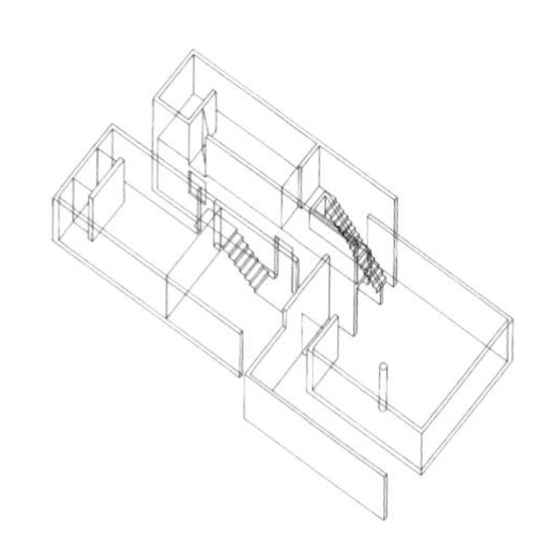

帝家山塔楼广场

基地位置：日本，大阪

设计时间：1975—1976

施工时间：1976

基地面积：376.2 平方米

占地面积：161.4 平方米

总建筑面积：754.4 平方米

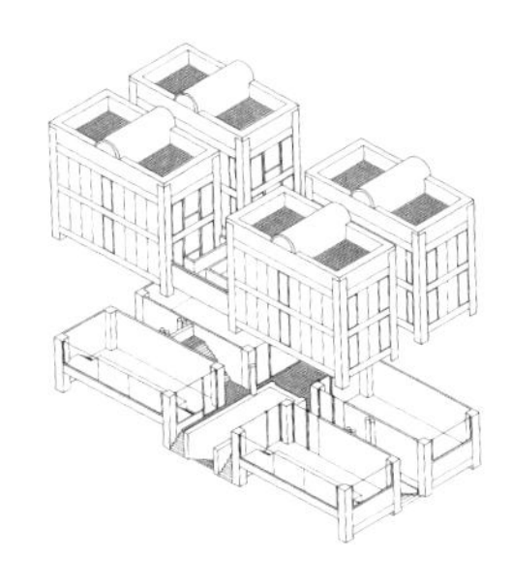

冈本集合住宅

基地位置：日本，兵库县，神户市

设计时间：1976

基地面积：1 774.9 平方米

占地面积：556.4 平方米

总建筑面积：1 404.7 平方米

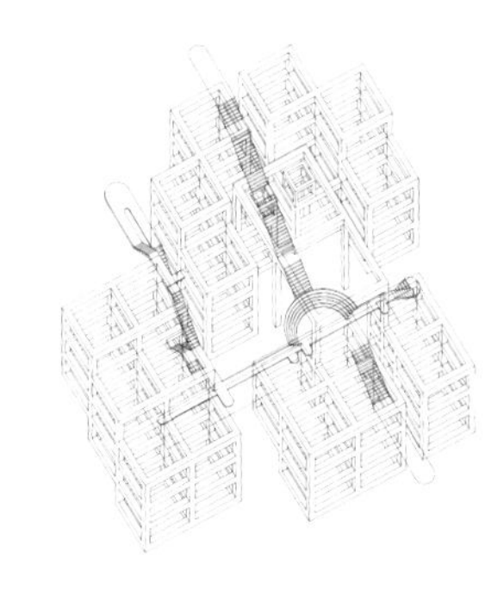

1977

玻璃砖之家

基地位置：日本，大阪

设计时间：1977—1978

施工时间：1978

基地面积：157.4 平方米

占地面积：92 平方米

总建筑面积：221.5 平方米

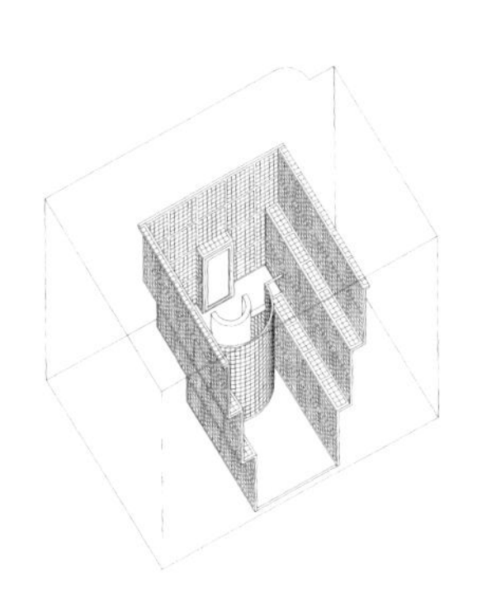

1976

帝家山住宅——真锅宅

基地位置：日本，大阪

设计时间：1976—1977

施工时间：1977

基地面积：273.3 平方米

占地面积：108.8 平方米

总建筑面积：147.3 平方米

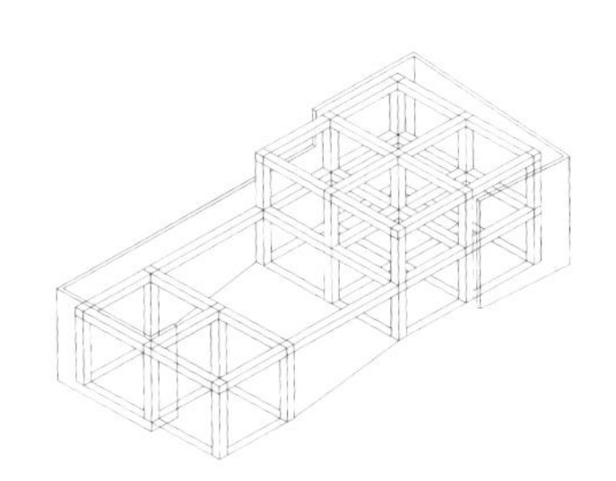

领壁之家——松本宅

基地位置：日本，兵库县，芦屋市

设计时间：1976—1977

施工时间：1977

基地面积：1 082.1 平方米

占地面积：128.4 平方米

总建筑面积：237.7 平方米

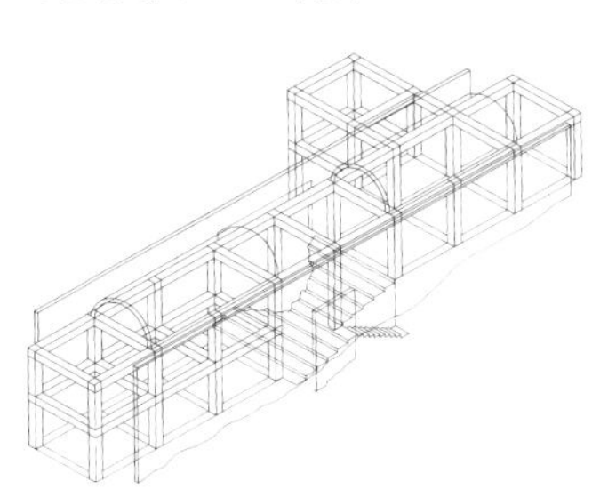

大楠宅

基地位置：日本，东京，世田谷区

设计时间：1977

施工时间：1978

基地面积：531.1 平方米

占地面积：194.2 平方米

总建筑面积：288.4 平方米

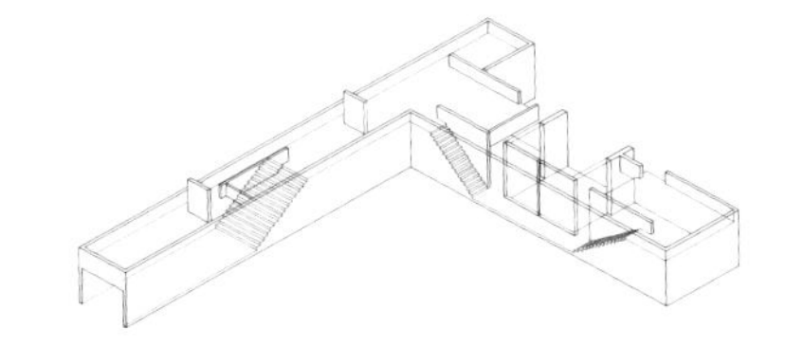

玻璃墙住宅——堀内宅

基地位置：日本，大阪
设计时间：1977—1978
施工时间：1978—1979
基地面积：237.9 平方米
占地面积：95 平方米
总建筑面积：243.7 平方米

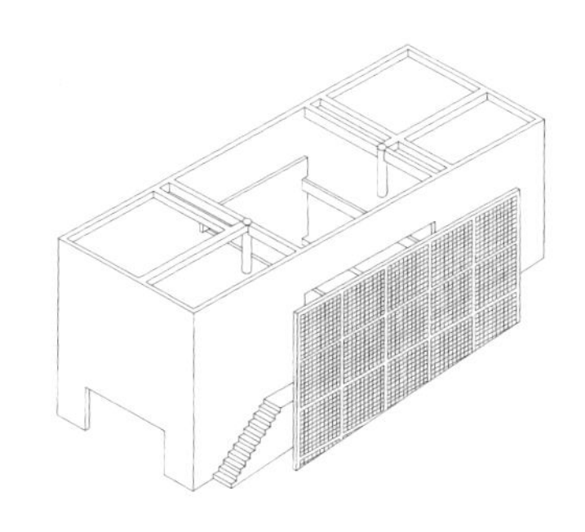

松本宅

基地位置：日本，和歌山县
设计时间：1978—1979
施工时间：1979—1980
基地面积：952.1 平方米
占地面积：317.4 平方米
总建筑面积：484.1 平方米

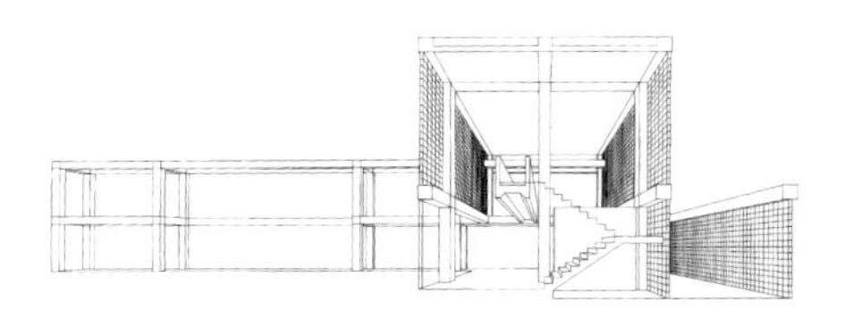

松谷宅

基地位置：日本，京都
设计时间：1978—1979
施工时间：1978—1979
基地面积：143.1 平方米
占地面积：56.6 平方米
总建筑面积：91.9 平方米

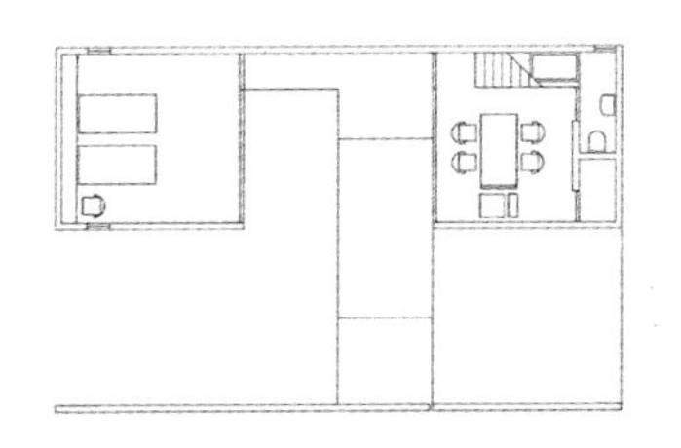

1978

片山宅

基地位置：日本，兵库县，西宫市
设计时间：1978
施工时间：1978—1979
基地面积：78.3 平方米
占地面积：62.9 平方米
总建筑面积：232.2 平方米

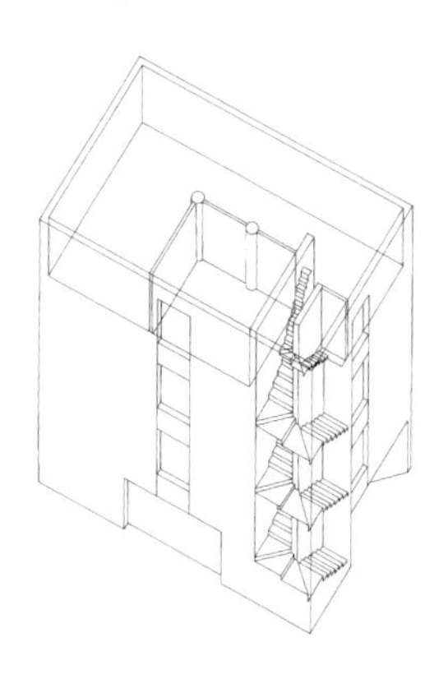

大西宅

基地位置：日本，大阪
设计时间：1978—1979
施工时间：1979
基地面积：165.2 平方米
占地面积：60.5 平方米
总建筑面积：144.3 平方米

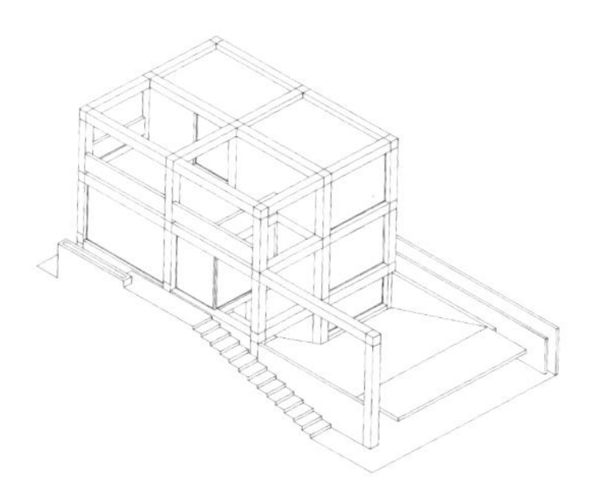

松谷宅（扩建）

基地位置：日本，京都
设计时间：1989—1990
施工时间：1990
基地面积：143.1 平方米
占地面积：16.4 平方米
总建筑面积：16.4 平方米

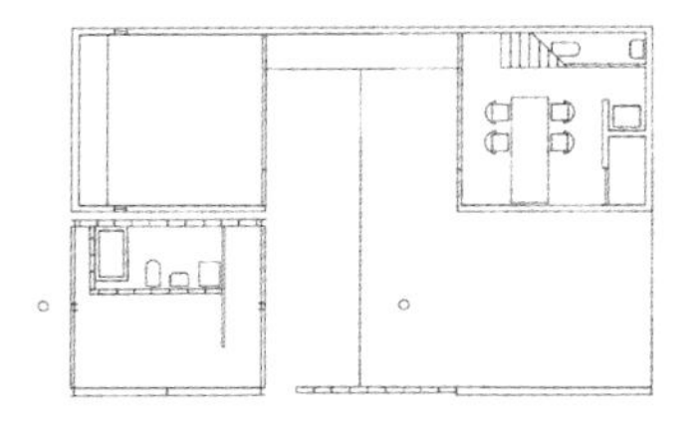

1979

上田宅

基地位置：日本，冈山县，总社市

设计时间：1978—1979

施工时间：1979

基地面积：180.4 平方米

占地面积：70.1 平方米

总建筑面积：94.4 平方米

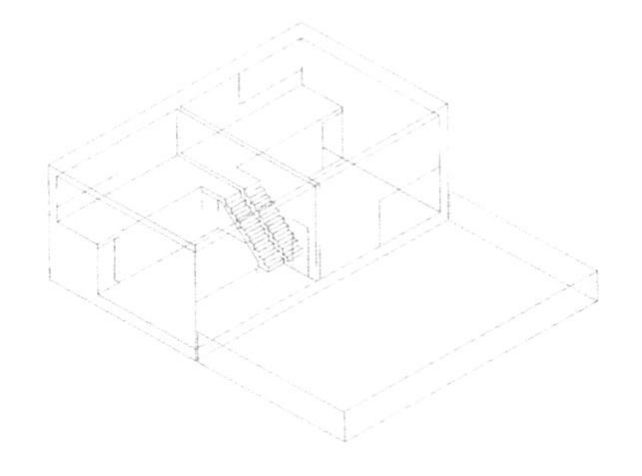

福宅

基地位置：日本，和歌山县

设计时间：1978—1979

施工时间：1979—1980

基地面积：800 平方米

占地面积：345.4 平方米

总建筑面积：483.6 平方米

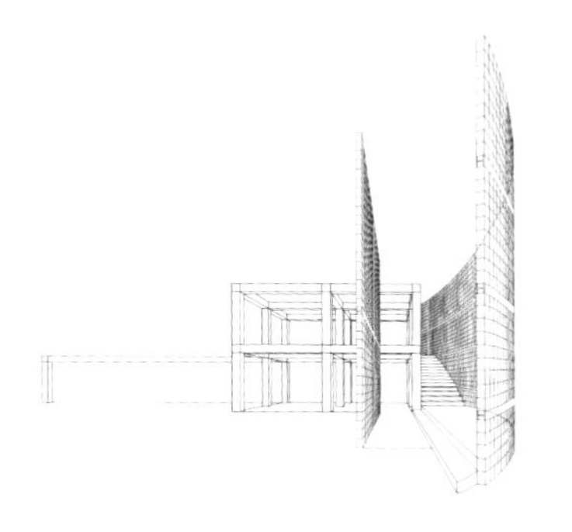

小筱宅

基地位置：日本，兵库县，芦屋市

设计时间：1979—1980

施工时间：1980—1981

基地面积：1 141 平方米

占地面积：224 平方米

总建筑面积：241.6 平方米

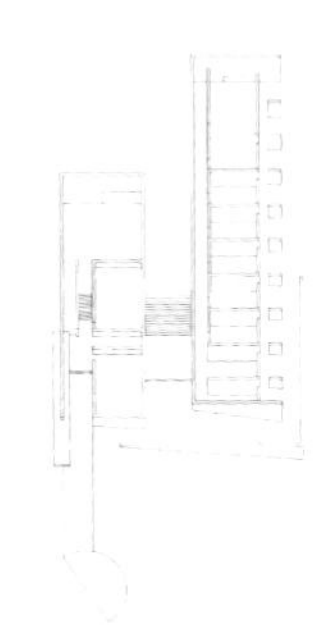

上田宅（扩建）

基地位置：日本，冈山县，总社市

设计时间：1986—1987

施工时间：1987

基地面积：180.4 平方米

占地面积：37.5 平方米

总建筑面积：37.5 平方米

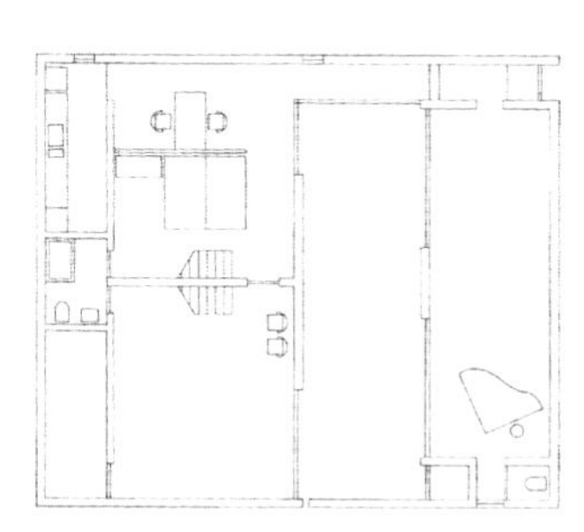

六甲集合住宅 I 期

基地位置：日本，兵库县，神户市

设计时间：1978—1981

施工时间：1981—1983

基地面积：1 852 平方米

占地面积：668 平方米

总建筑面积：1 779 平方米

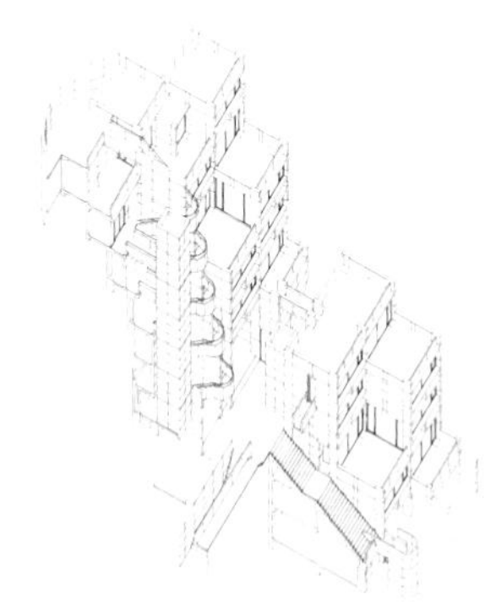

小筱宅（扩建）

基地位置：日本，兵库县，芦屋市

设计时间：1983

施工时间：1983—1984

基地面积：1 141 平方米

占地面积：52.7 平方米

总建筑面积：52.7 平方米

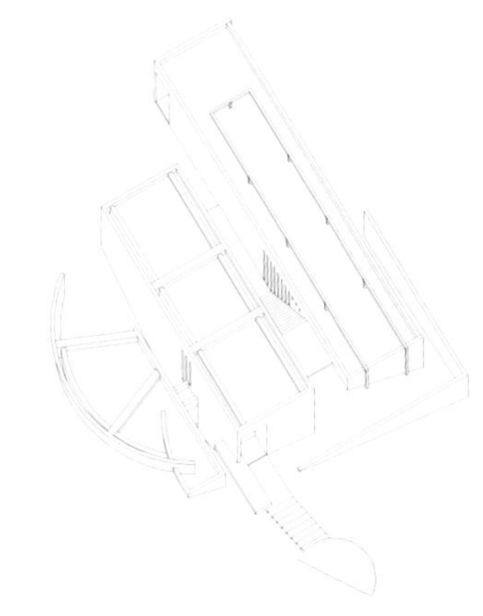

1980

大淀工作室Ⅰ（Ⅰ期）

基地位置：日本，大阪

设计时间：1980

施工时间：1980—1981

基地面积：55.2 平方米

占地面积：36.2 平方米

总建筑面积：97.4 平方米

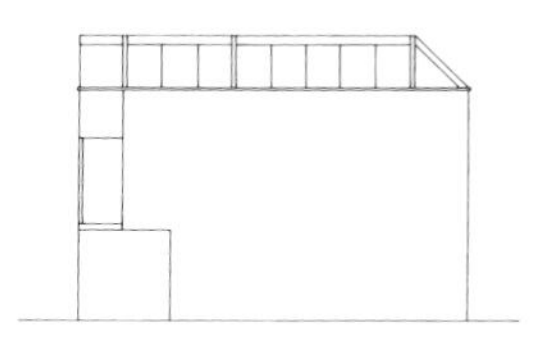

大淀工作室Ⅰ（Ⅲ期）

基地位置：日本，大阪

设计时间：1986

施工时间：1986

基地面积：114.8 平方米

占地面积：76.1 平方米

总建筑面积：225.3 平方米

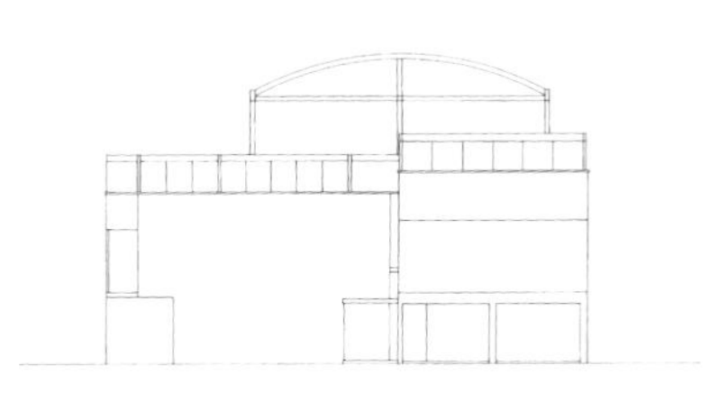

石井宅

基地位置：日本，静冈县，滨松市

设计时间：1980—1981

施工时间：1981—1982

基地面积：371.2 平方米

占地面积：154.1 平方米

总建筑面积：235.3 平方米

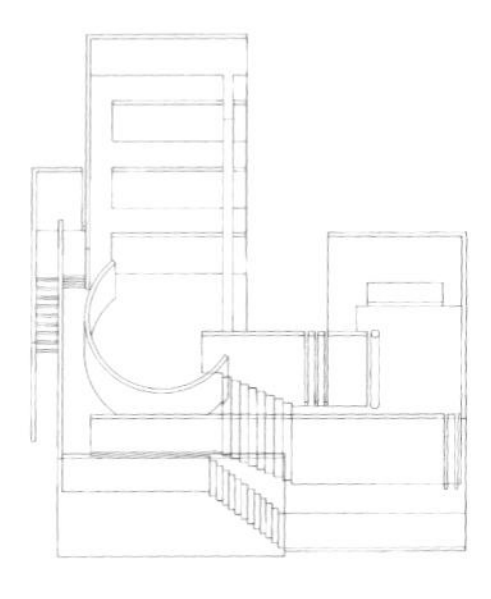

大淀工作室Ⅰ（Ⅱ期）

基地位置：日本，大阪

设计时间：1981

施工时间：1981—1982

基地面积：114.8 平方米

占地面积：76.1 平方米

总建筑面积：206.5 平方米

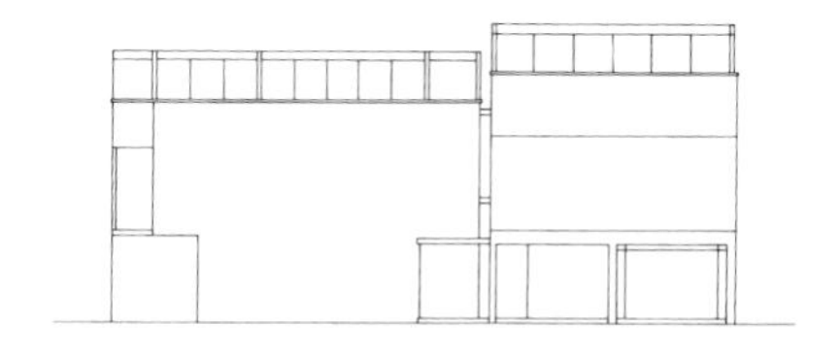

儿岛的共同住宅——佐藤宅

基地位置：日本，冈山县，仓敷市

设计时间：1980

施工时间：1981

基地面积：655.3 平方米

占地面积：145.6 平方米

总建筑面积：238.3 平方米

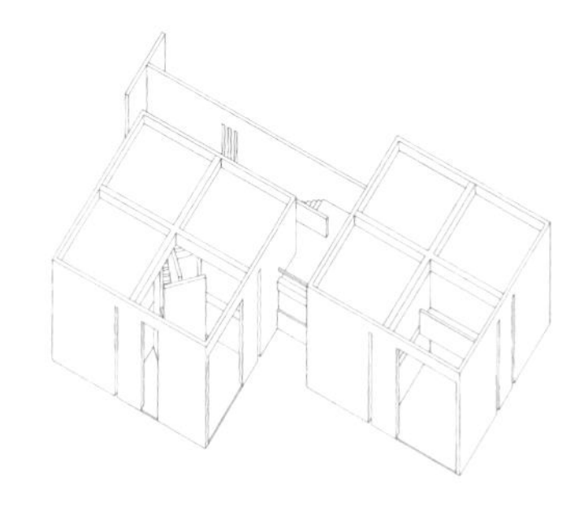

1981

赤羽宅

基地位置：日本，东京，世田谷区

设计时间：1981—1982

施工时间：1982

基地面积：240.8 平方米

占地面积：61.1 平方米

总建筑面积：119 平方米

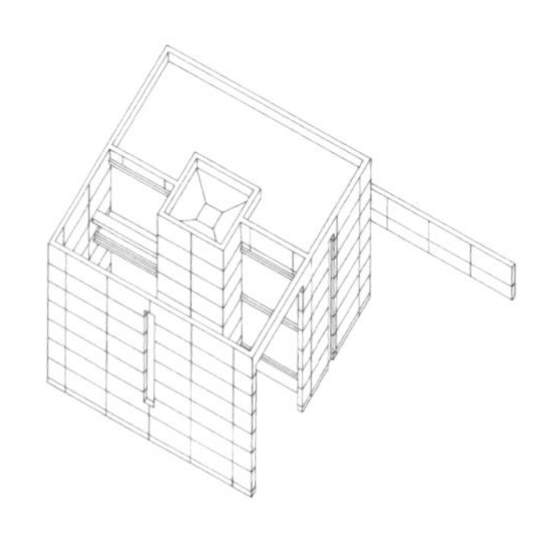

1982

梅宫宅

基地位置：日本，兵库县，神户市

设计时间：1981—1982

施工时间：1982—1983

基地面积：681.7 平方米

占地面积：68 平方米

总建筑面积：119.9 平方米

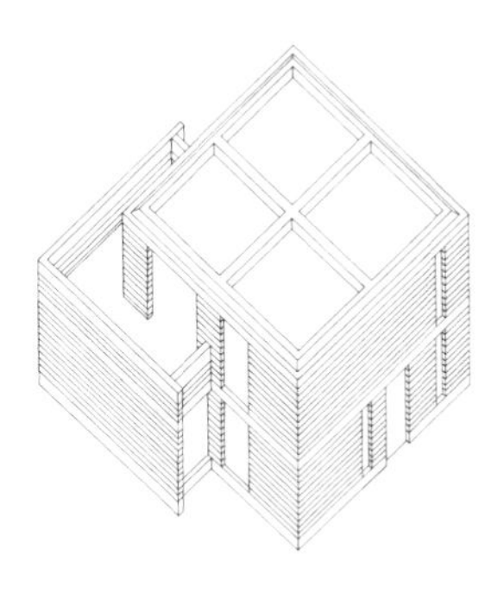

玩偶之家

设计时间：1982

占地面积：75.4 平方米

总建筑面积：128.4 平方米

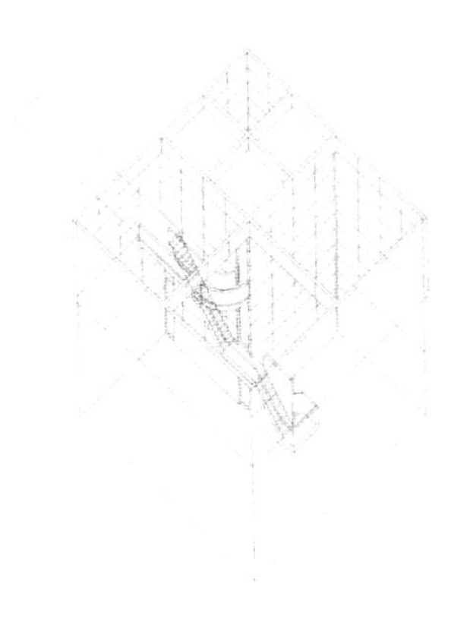

茂木宅

基地位置：日本，兵库县，神户市

设计时间：1982—1983

施工时间：1983

基地面积：32.1 平方米

占地面积：25 平方米

总建筑面积：94.7 平方米

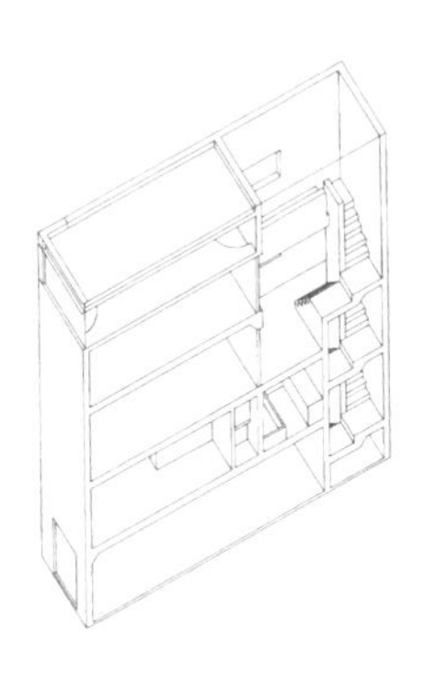

九条的排屋——井筒宅

基地位置：日本，大阪

设计时间：1981—1982

施工时间：1982

基地面积：71.2 平方米

占地面积：46 平方米

总建筑面积：114.5 平方米

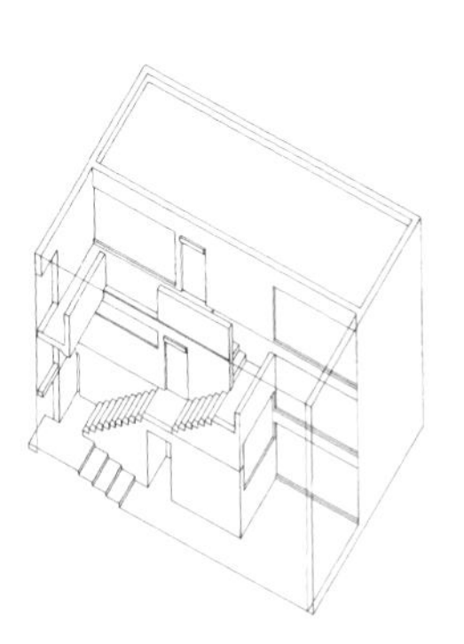

植条宅

基地位置：日本，大阪府，吹田市

设计时间：1982—1983

施工时间：1983—1984

基地面积：330.6 平方米

占地面积：105.6 平方米

总建筑面积：272.1 平方米

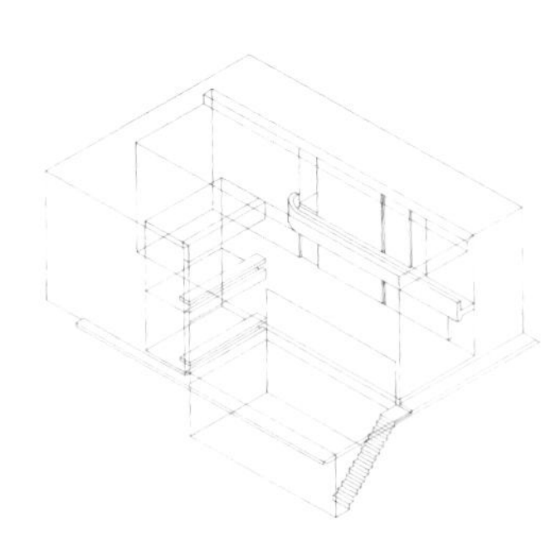

城户崎宅

基地位置：日本，东京，世田谷区

设计时间：1982—1985

施工时间：1985—1986

基地面积：610.9 平方米

占地面积：351.5 平方米

总建筑面积：556.1 平方米

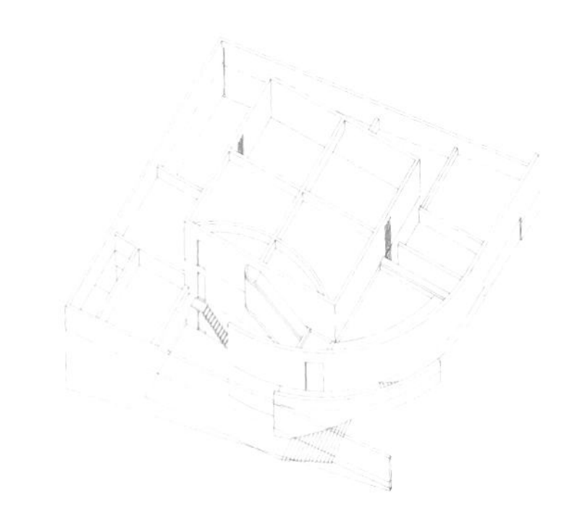

金子宅

基地位置：日本，东京，涩谷区

设计时间：1982—1983

施工时间：1983

基地面积：172.9 平方米

占地面积：93.6 平方米

总建筑面积：169 平方米

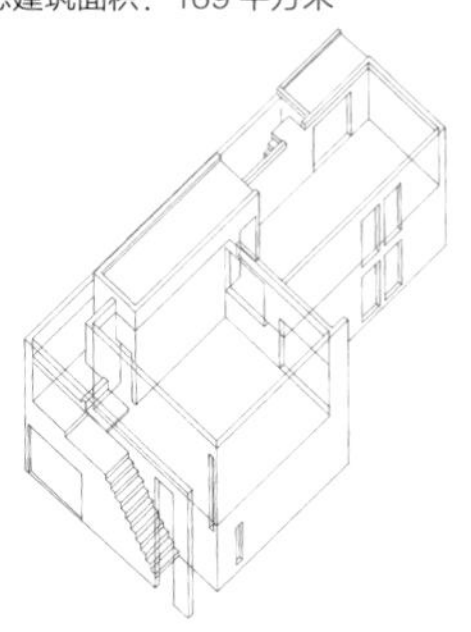

岩佐宅（扩建）

基地位置：日本，兵库县，芦屋市

设计时间：1989—1990

施工时间：1990

基地面积：821.4 平方米

占地面积：188 平方米

总建筑面积：34.2 平方米

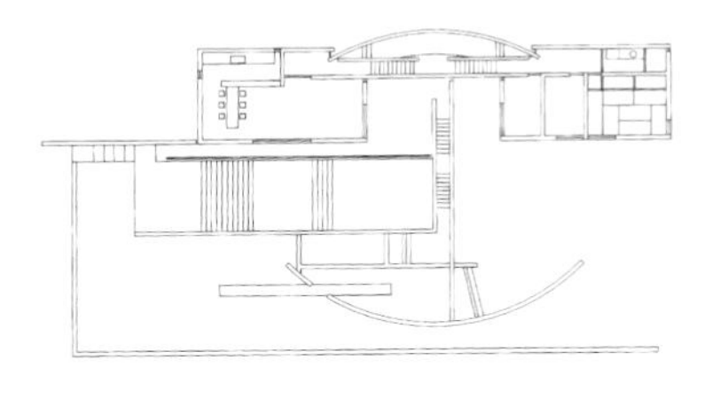

中山宅

基地位置：日本，奈良

设计时间：1983—1984

施工时间：1984—1985

基地面积：263.3 平方米

占地面积：69.1 平方米

总建筑面积：103.7 平方米

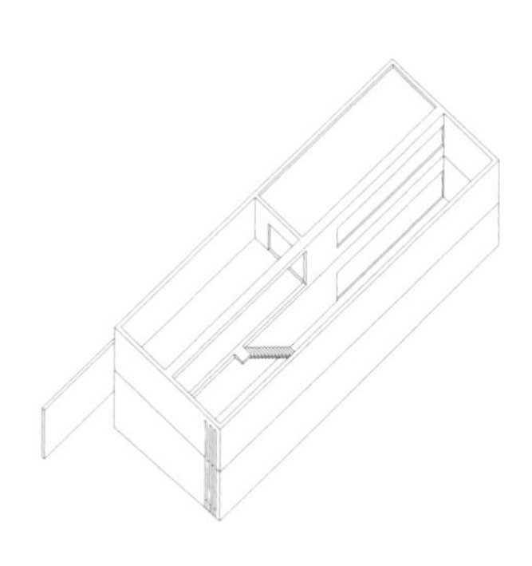

1983

岩佐宅

基地位置：日本，兵库县，芦屋市

设计时间：1982—1983

施工时间：1983—1984

基地面积：821.4 平方米

占地面积：188 平方米

总建筑面积：235.6 平方米

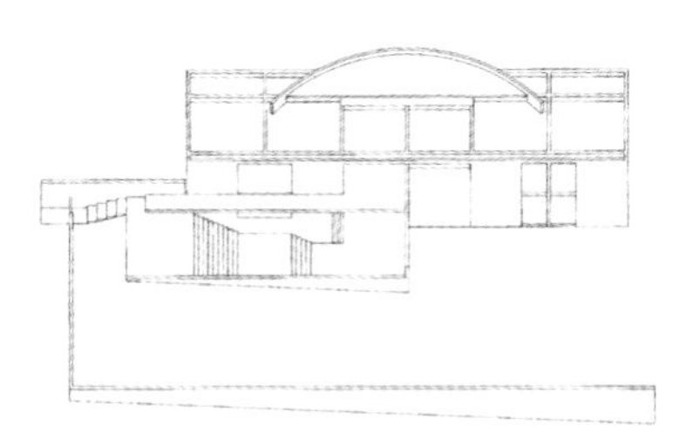

南林宅

基地位置：日本，奈良县，生驹市

设计时间：1983—1984

施工时间：1984

基地面积：237.5 平方米

占地面积：74.5 平方米

总建筑面积：165.4 平方米

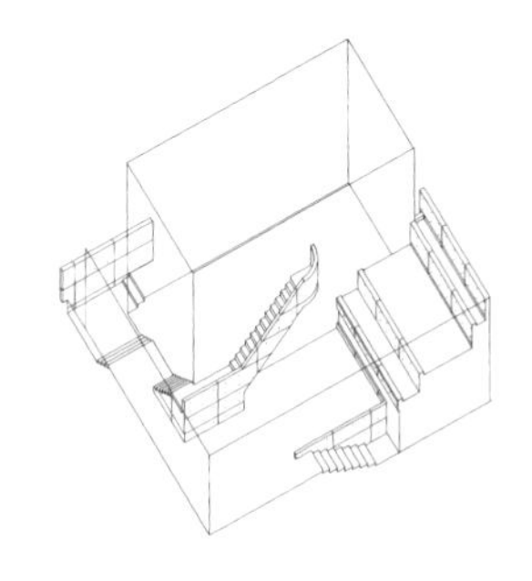

畑宅

基地位置：日本，兵库县，西宫市

设计时间：1983—1984

施工时间：1984

基地面积：441.5 平方米

占地面积：118.7 平方米

总建筑面积：207.2 平方米

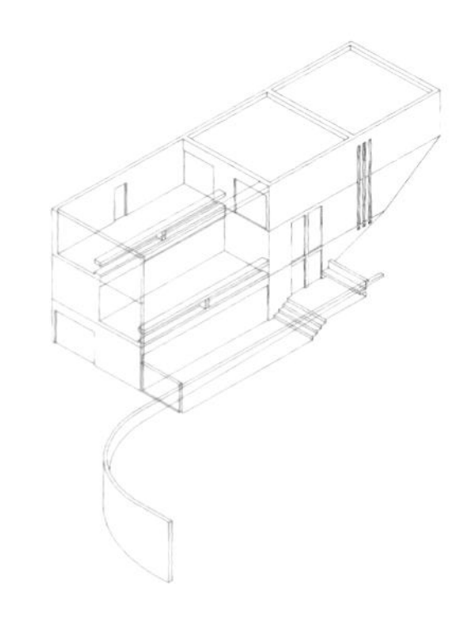

1984

孙宅

基地位置：日本，大阪

设计时间：1984—1985

施工时间：1985—1986

基地面积：103.3 平方米

占地面积：85.2 平方米

总建筑面积：206.5 平方米

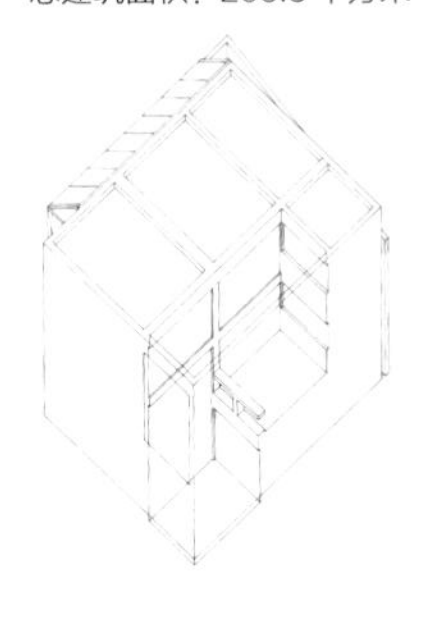

服部宅客房

基地位置：日本，大阪

设计时间：1984—1985

施工时间：1985

占地面积：32.3 平方米

总建筑面积：68.3 平方米

1985

大淀茶室（饰面板茶室）

基地位置：日本，大阪

设计时间：1985

施工时间：1985

总建筑面积：7 平方米

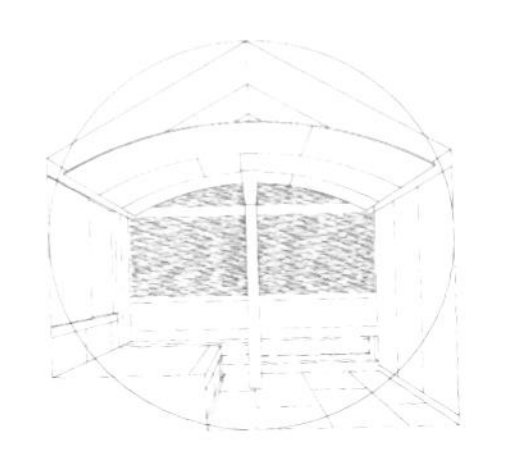

佐佐木宅

基地位置：日本，东京，港区

设计时间：1984—1985

施工时间：1985—1986

基地面积：382.1 平方米

占地面积：227.1 平方米

总建筑面积：373.1 平方米

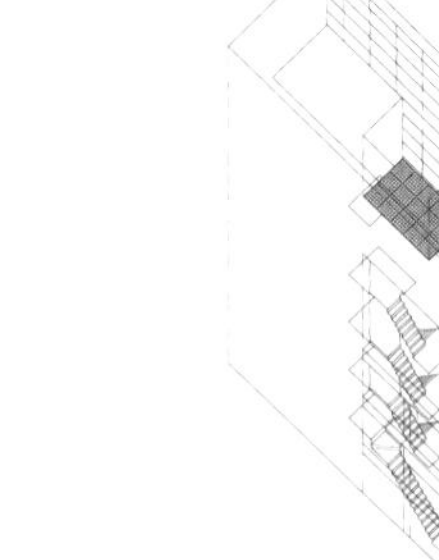

TS 大楼

基地位置：日本，大阪

设计时间：1984—1985

施工时间：1985—1986

基地面积：160.7 平方米

占地面积：118.1 平方米

总建筑面积：665 平方米

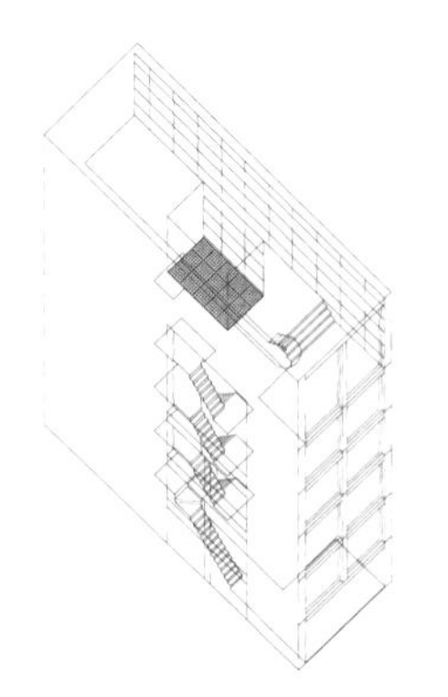

大淀茶室（砖墙茶室）

基地位置：日本，大阪

设计时间：1985—1986

施工时间：1986

总建筑面积：4.4 平方米

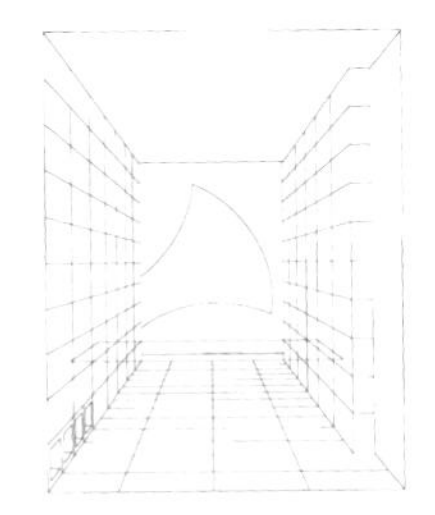

大淀茶室（帐篷茶室）

基地位置：日本，大阪

设计时间：1987—1988

施工时间：1988

总建筑面积：3.3 平方米

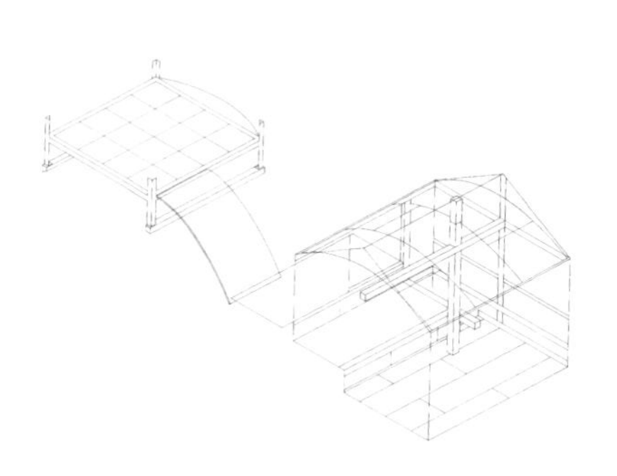

田中山庄

基地位置：日本，山梨县，南都留郡

设计时间：1985—1986

施工时间：1986—1987

基地面积：693.6 平方米

占地面积：71.9 平方米

总建筑面积：100.5 平方米

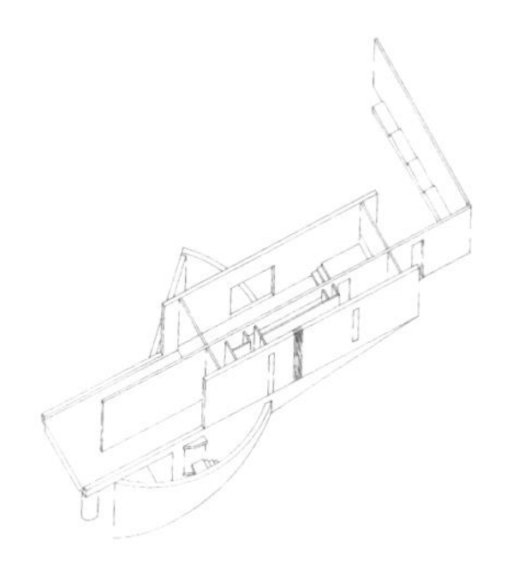

六甲集合住宅 II 期

基地位置：日本，兵库县，神户市

设计时间：1985—1987

施工时间：1989—1993

基地面积：5 998.1 平方米

占地面积：2 964.7 平方米

总建筑面积：9 043.6 平方米

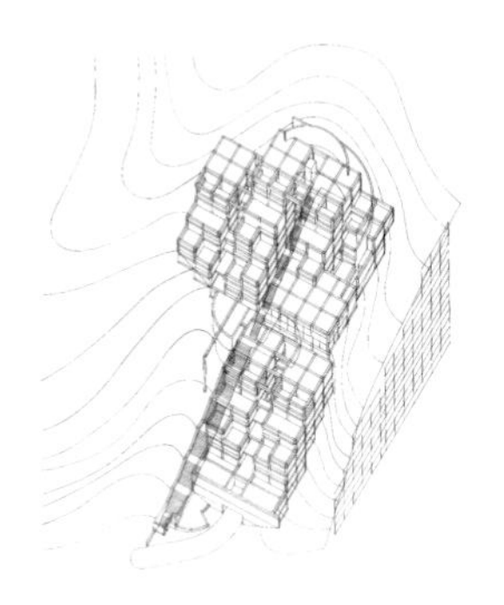

细工谷之家——野口宅

基地位置：日本，大阪

设计时间：1985

施工时间：1985—1986

基地面积：68.5 平方米

占地面积：40 平方米

总建筑面积：106.3 平方米

I 宅

基地位置：日本，兵库县，芦屋市

设计时间：1985—1986

施工时间：1986—1988

基地面积：987 平方米

占地面积：263 平方米

总建筑面积：907.9 平方米

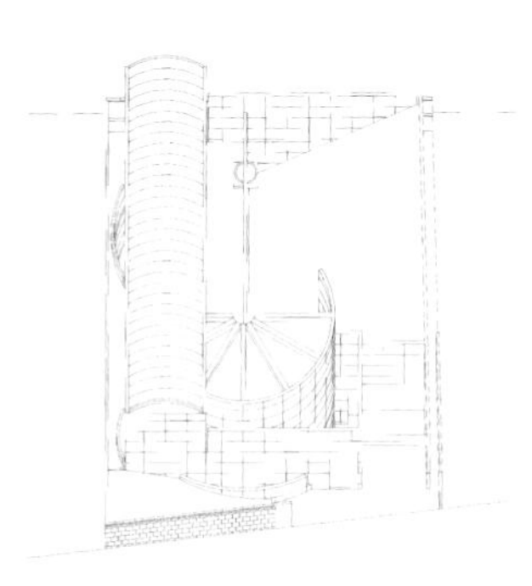

1986

小仓宅

基地位置：日本，爱知县，名古屋市

设计时间：1986—1987

施工时间：1987—1988

基地面积：214.9 平方米

占地面积：106.6 平方米

总建筑面积：189.4 平方米

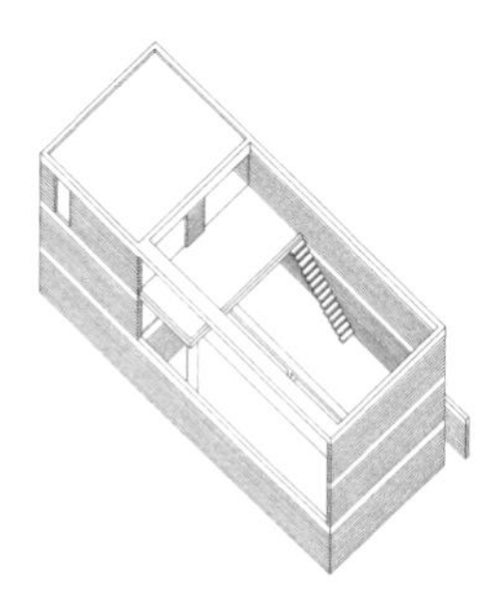

神乐冈宅

基地位置：日本，京都

设计时间：1986—1987

施工时间：1987—1988

基地面积：244 平方米

占地面积：118 平方米

总建筑面积：211 平方米

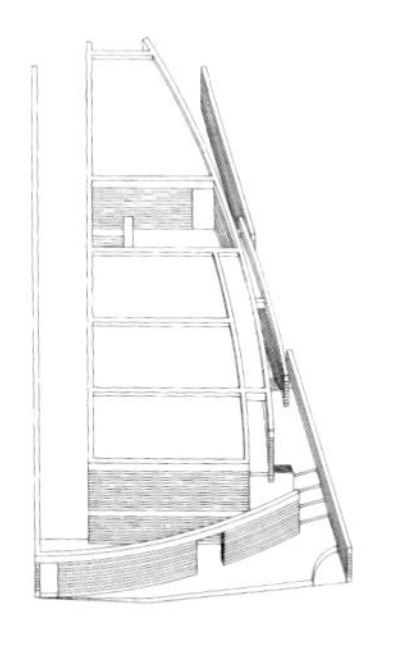

1988

伊东宅

基地位置：日本，东京，世田谷区

设计时间：1988—1989

施工时间：1989—1990

基地面积：567.7 平方米

占地面积：279.7 平方米

总建筑面积：504.8 平方米

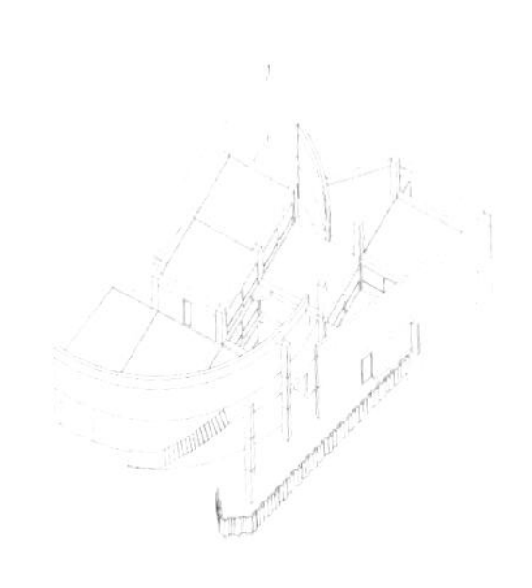

1989

石河宅

基地位置：日本，大阪府，高槻市

设计时间：1989—1990

施工时间：1990—1991

基地面积：179.3 平方米

占地面积：107 平方米

总建筑面积：239.8 平方米

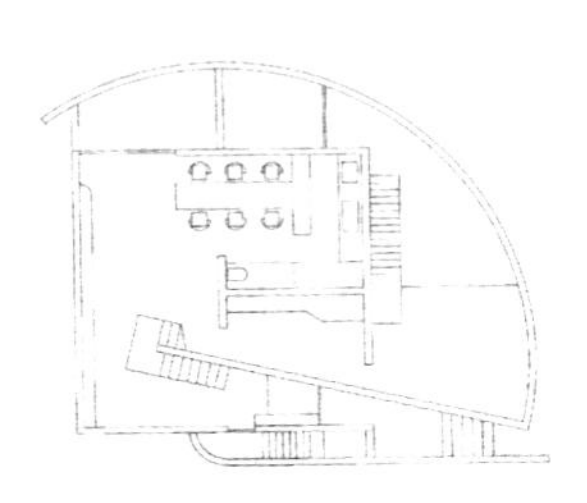

吉田宅

基地位置：日本，大阪府，富田林市

设计时间：1986—1987

施工时间：1987—1988

基地面积：252 平方米

占地面积：124 平方米

总建筑面积：211 平方米

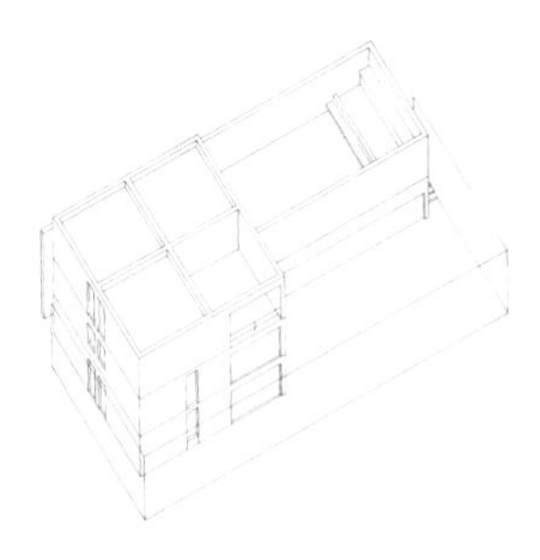

I 画廊

基地位置：日本，东京，世田谷区

设计时间：1988

基地面积：520 平方米

占地面积：208 平方米

总建筑面积：445 平方米

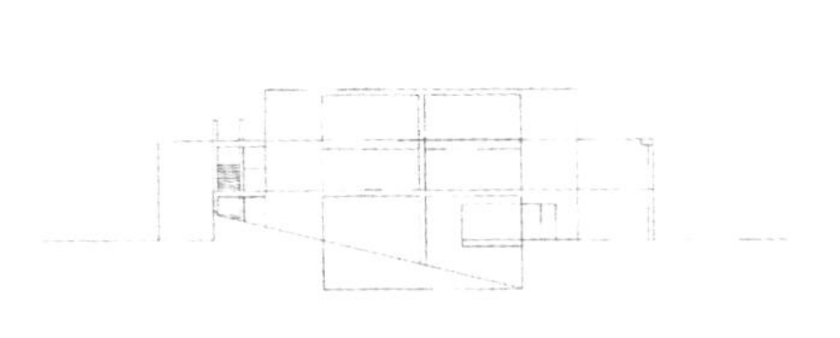

佐用集合住宅

基地位置：日本，兵库县，佐用町

设计时间：1989—1990

施工时间：1990—1991

基地面积：6 989 平方米

占地面积：1 270 平方米

总建筑面积：3 854.2 平方米

大淀工作室 II

基地位置：日本，大阪
设计时间：1989—1990
施工时间：1990—1991
基地面积：115.6 平方米
占地面积：91.7 平方米
总建筑面积：451.7 平方米

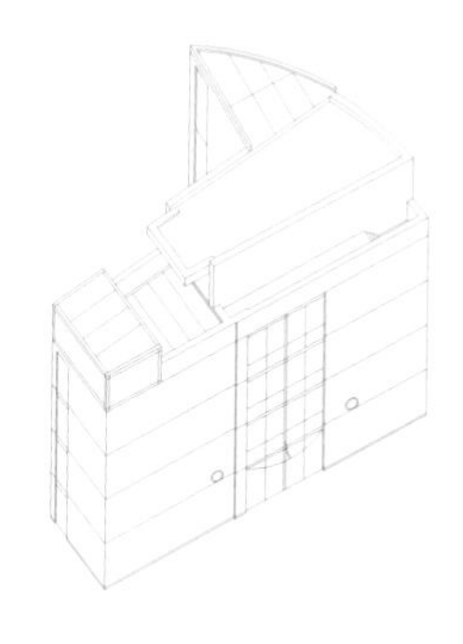

1991

李宅

基地位置：日本，千叶县，船桥市
设计时间：1991—1992
施工时间：1992—1993
基地面积：484.1 平方米
占地面积：174.8 平方米
总建筑面积：264.8 平方米

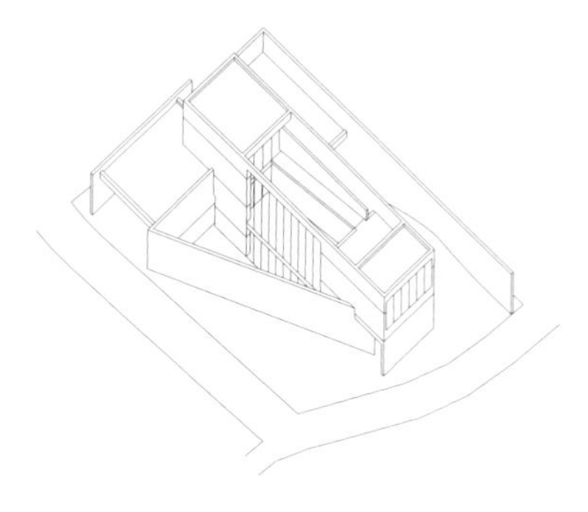

1992

芝加哥的住宅

基地位置：美国，伊利诺伊州，芝加哥市
设计时间：1992—1994
施工时间：1993—1997
基地面积：1 935 平方米
占地面积：403 平方米
总建筑面积：835 平方米

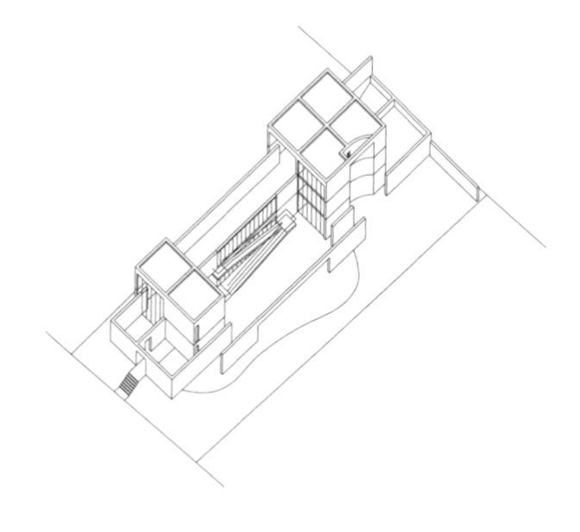

宫下宅

基地位置：日本，兵库县，神户市
设计时间：1989—1990
施工时间：1991—1992
基地面积：332.0 平方米
占地面积：148.7 平方米
总建筑面积：250.9 平方米

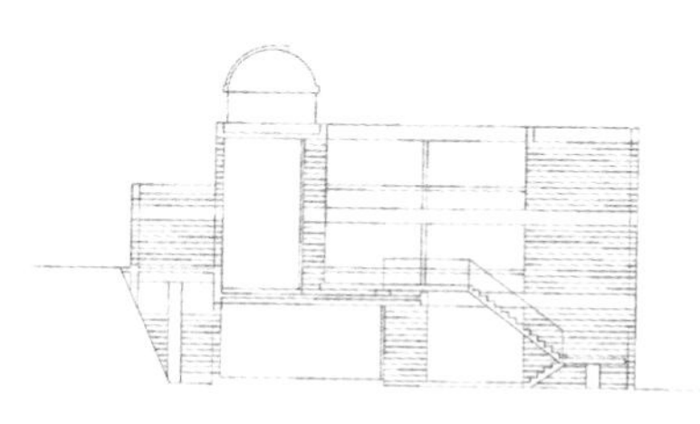

野田画廊

基地位置：日本，兵库县，神户市
设计时间：1991—1992
施工时间：1992—1993
基地面积：39.8 平方米
占地面积：27 平方米
总建筑面积：79 平方米

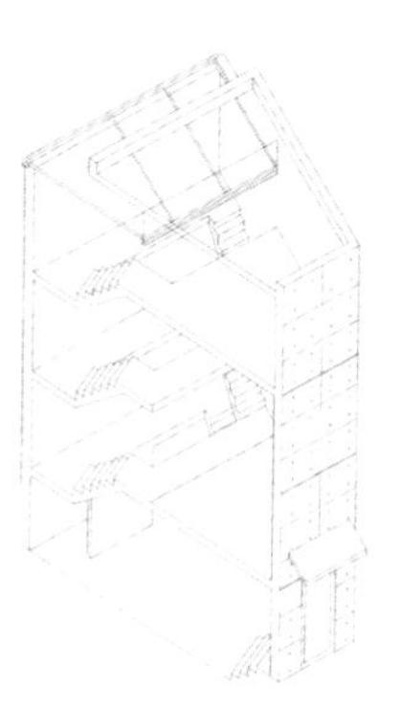

六甲集合住宅 III 期

基地位置：日本，兵库县，神户市
设计时间：1992—1997
施工时间：1997—1999
基地面积：11 717.2 平方米
占地面积：6 544.5 平方米
总建筑面积：24 221.5 平方米

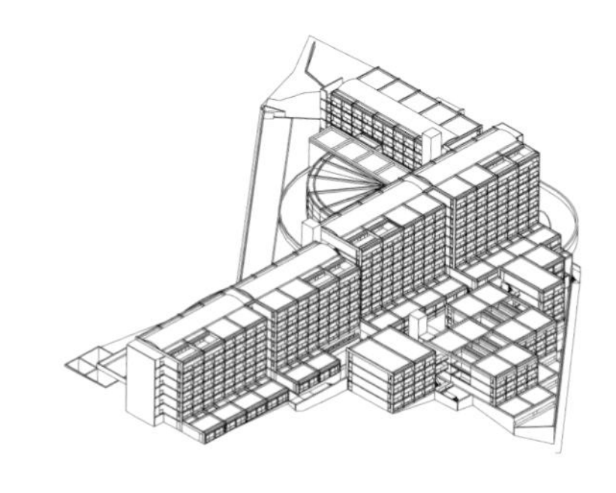

1993

日本桥之家——金森宅

基地位置：日本，大阪

设计时间：1993—1994

施工时间：1994

基地面积：57.8 平方米

占地面积：43.5 平方米

总建筑面积：139.1 平方米

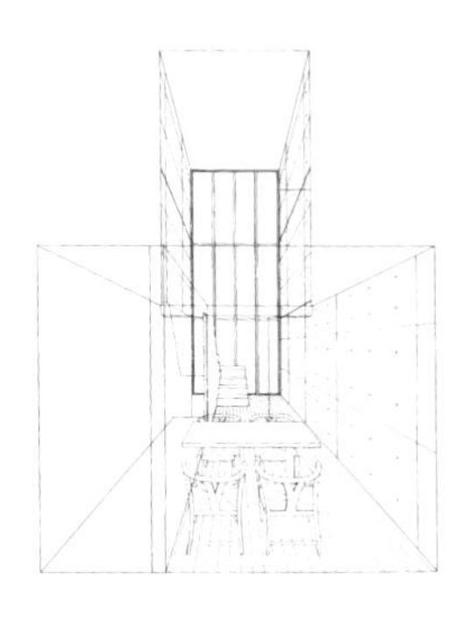

1995

海滨住宅

基地位置：日本，兵库县，神户市

设计时间：1995

平野区的町屋（能见宅）

基地位置：日本，大阪

设计时间：1995

施工时间：1996

基地面积：120.5 平方米

占地面积：72.1 平方米

总建筑面积：92.1 平方米

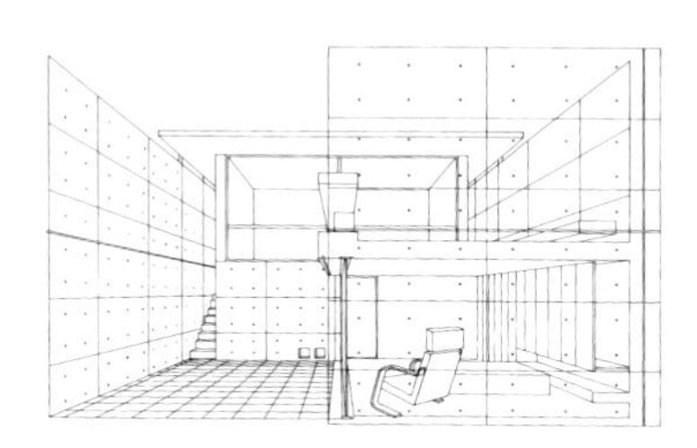

1994

大淀工作室附属建筑

基地位置：日本，大阪

设计时间：1994

施工时间：1994—1995

基地面积：182.8 平方米

占地面积：104.3 平方米

总建筑面积：247.4 平方米

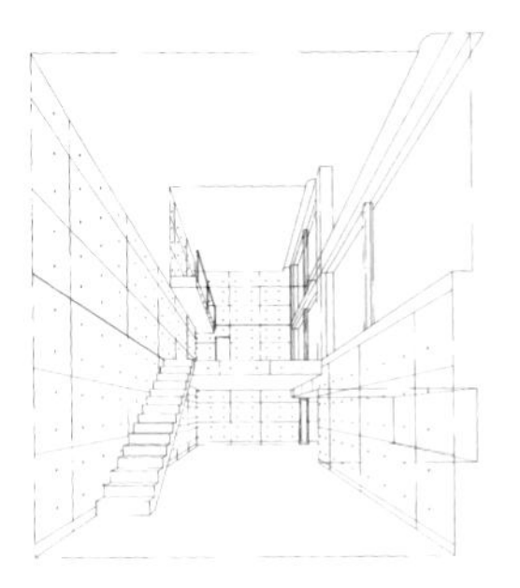

山顶住宅

基地位置：日本，兵库县，宝冢市

设计时间：1995

小芽画廊——泽田宅

基地位置：日本，兵库县，西宫市

设计时间：1995

施工时间：1996

基地面积：87.2 平方米

占地面积：49 平方米

总建筑面积：92.2 平方米

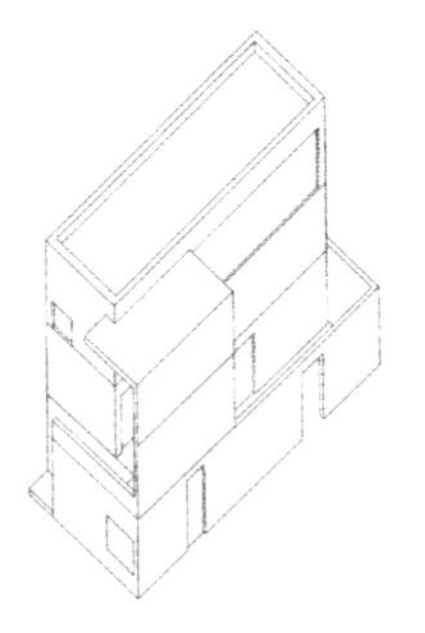

八木宅

基地位置：日本，兵库县，西宫市

设计时间：1995—1996

施工时间：1996—1997

基地面积：1 757.1 平方米

占地面积：362.2 平方米

总建筑面积：500.9 平方米

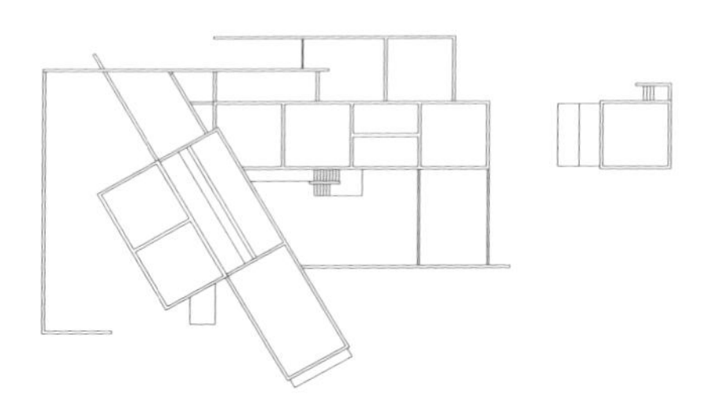

1996

表参道之丘（表参道再开发项目）

基地位置：日本，东京，涩谷区

设计时间：1996—2003

施工时间：2003—2006

基地面积：6 051.4 平方米

占地面积：5 030.8 平方米

总建筑面积：34 061.7 平方米

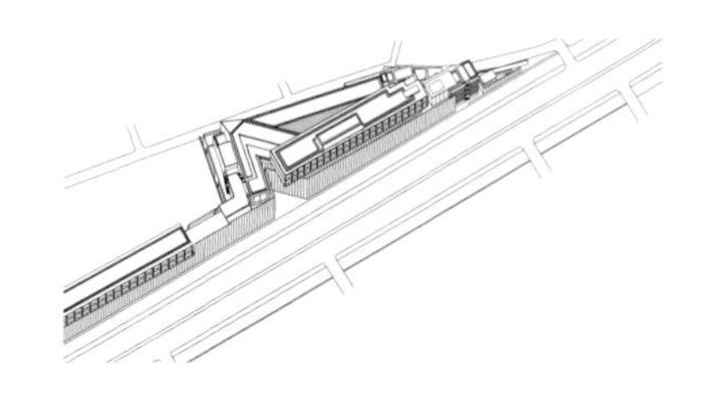

曼哈顿的屋顶小楼

基地位置：美国，纽约州，纽约市

设计时间：1996

总建筑面积：712 平方米

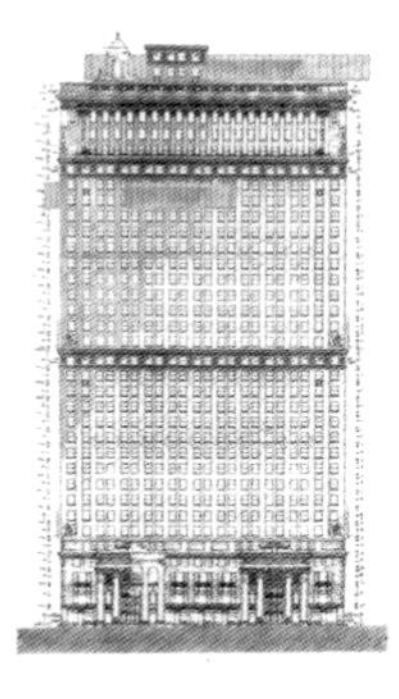

青木集合住宅

基地位置：日本，兵库县，神户市

设计时间：1995—1996

施工时间：1996—1997

基地面积：622.4 平方米

占地面积：373.3 平方米

总建筑面积：923.6 平方米

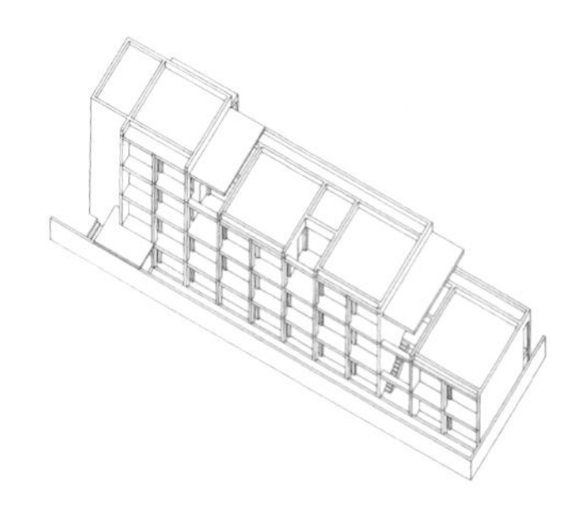

卡尔·拉格菲尔德工作室

基地位置：法国，比亚里茨

设计时间：1996—

基地面积：1 900 平方米

总建筑面积：2 300 平方米

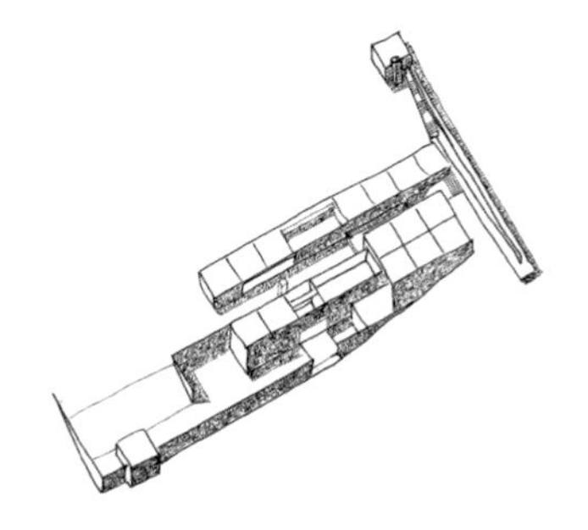

1999

无形之家

基地位置：意大利，特雷维索

设计时间：1999—2001

施工时间：2002—2004

基地面积：30 600 平方米

总建筑面积：1 450 平方米

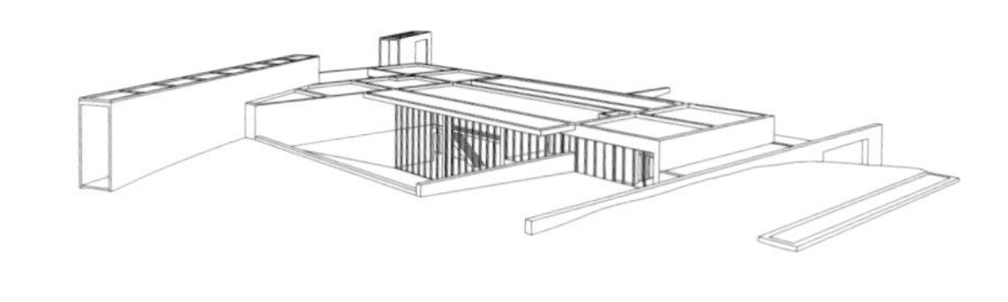

2001

4×4 住宅

基地位置：日本，兵库县，神户市

设计时间：2001—2002

施工时间：2002—2003

基地面积：65.4 平方米

占地面积：22.6 平方米

总建筑面积：117.8 平方米

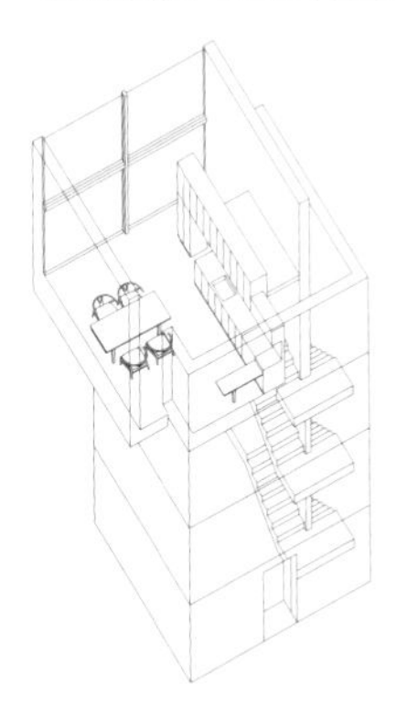

2002

沙漠中的住宅

设计时间：2002—

仙川集合住宅 I 期

基地位置：日本，东京，调布市

设计时间：2002—2003

施工时间：2003—2004

基地面积：2 055.8 平方米

占地面积：1 569 平方米

总建筑面积：4 320.3 平方米

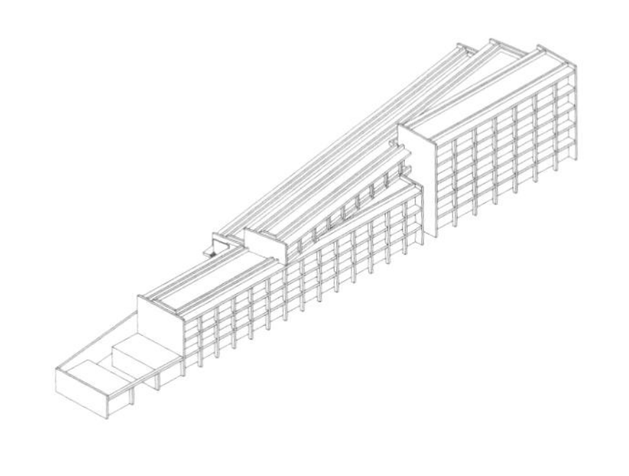

4×4 住宅（东京）

基地位置：日本，东京，千代田区

设计时间：2001—

基地面积：23 平方米

占地面积：18.1 平方米

总建筑面积：63.2 平方米

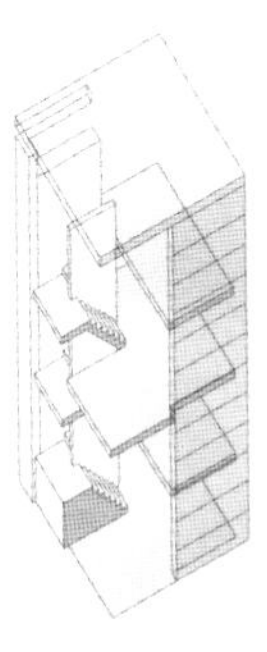

汤姆·福特和理查德·巴克利的住宅和马厩

基地位置：美国，新墨西哥州，北加利斯托

设计时间：2002—2006

施工时间：2006—2008

基地面积：2 280 平方米

总建筑面积：2 000 平方米

2003

高槻宅

基地位置：日本，大阪府，高槻市

设计时间：2003—2004

施工时间：2004—2005

基地面积：273.9 平方米

占地面积：125.4 平方米

总建筑面积：218.3 平方米

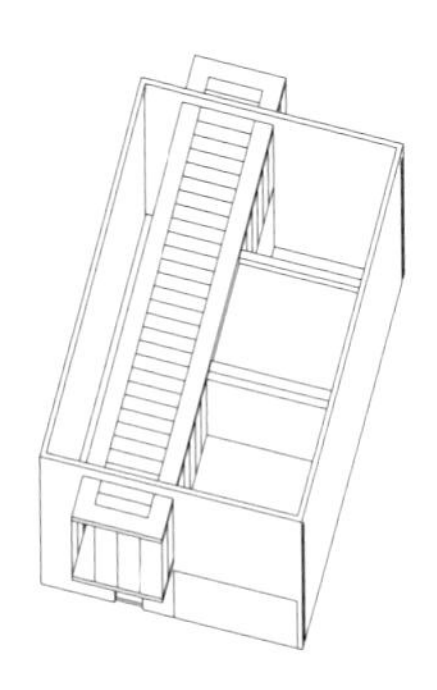

马里布的住宅

基地位置：美国，加利福尼亚州，马里布市

设计时间：2003

施工时间：2003—2004

占地面积：20.5 平方米

总建筑面积：411.9 平方米

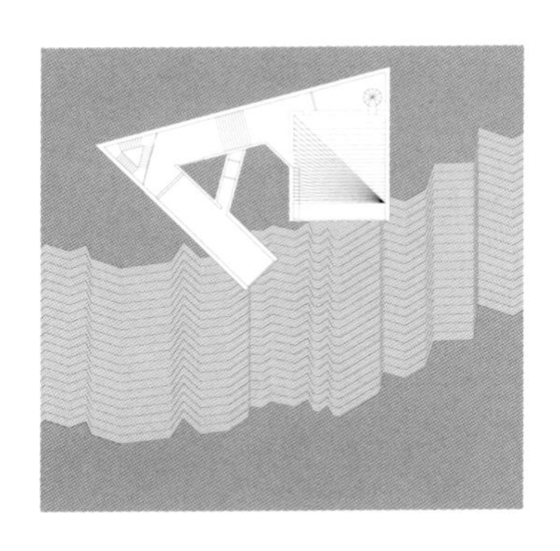

马里布的住宅 II

基地位置：美国，加利福尼亚州，马里布市

设计时间：2003—

基地面积：3 000 平方米

总建筑面积：1 100 平方米

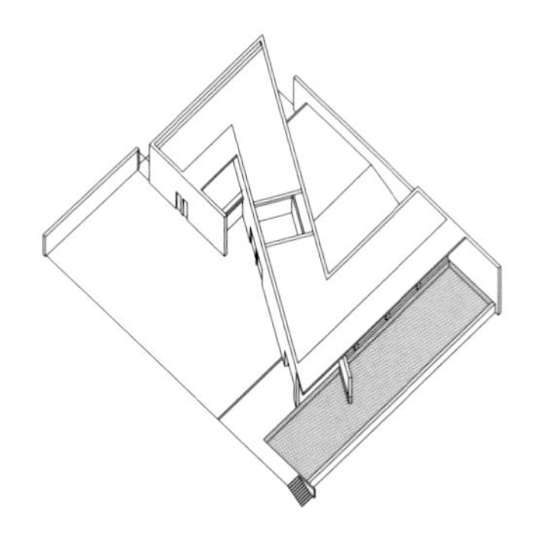

斯里兰卡的住宅

基地位置：斯里兰卡，韦利加马

设计时间：2004—2006

施工时间：2006—2008

基地面积：131 621 平方米

占地面积：955 平方米

总建筑面积：2 577 平方米

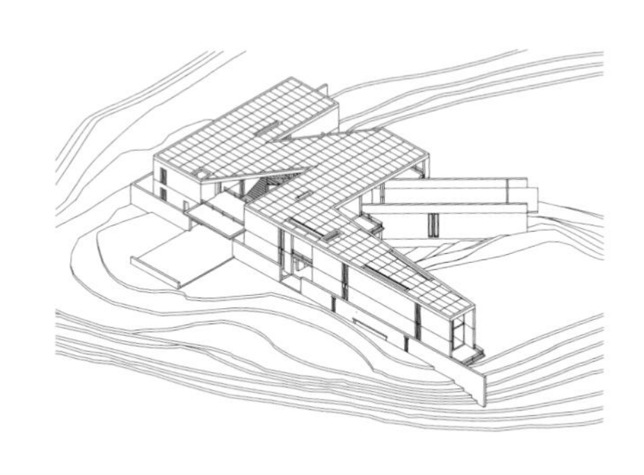

马里布的住宅 I

基地位置：美国，加利福尼亚州，马里布市

设计时间：2003—2007

施工时间：2007—2015

基地面积：32 186 平方米

总建筑面积：3 234 平方米

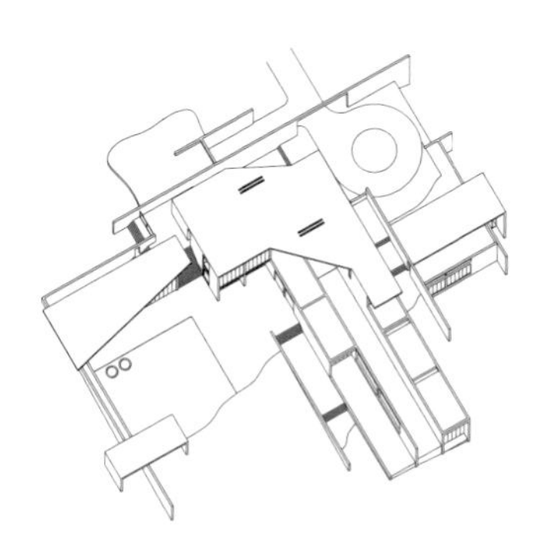

2004

滋贺之家

基地位置：日本，滋贺县，大津市

设计时间：2004—2005

施工时间：2005—2006

基地面积：598.5 平方米

占地面积：225.5 平方米

总建筑面积：312.5 平方米

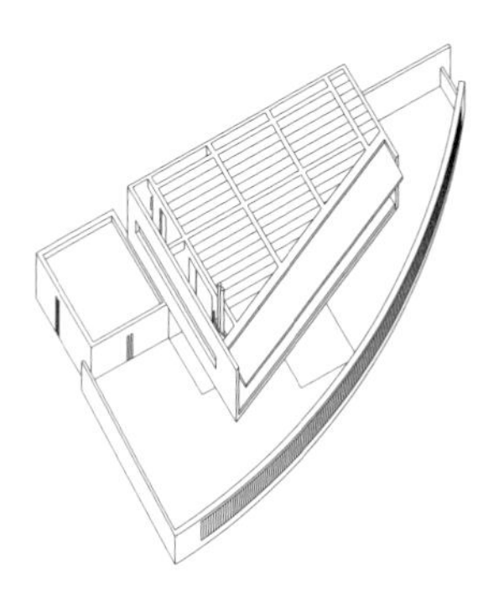

曼哈顿的屋顶小楼 II

基地位置：美国，纽约州，纽约市

设计时间：2004—2006

施工时间：2006—2008

基地面积：230 平方米

占地面积：210 平方米

总建筑面积：1 050 平方米

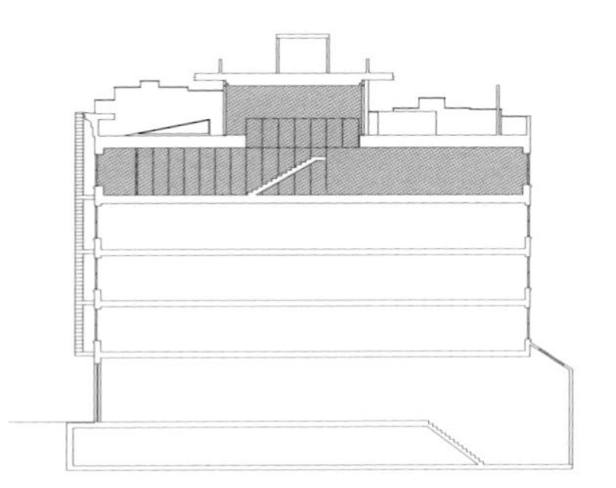

2005

小筱宅客房

基地位置：日本，兵库县，芦屋市

设计时间：2004—2005

施工时间：2005—2006

基地面积：1 144.7 平方米

占地面积：224 平方米（客房：125.4 平方米）

总建筑面积：430.6 平方米（客房：250.8 平方米）

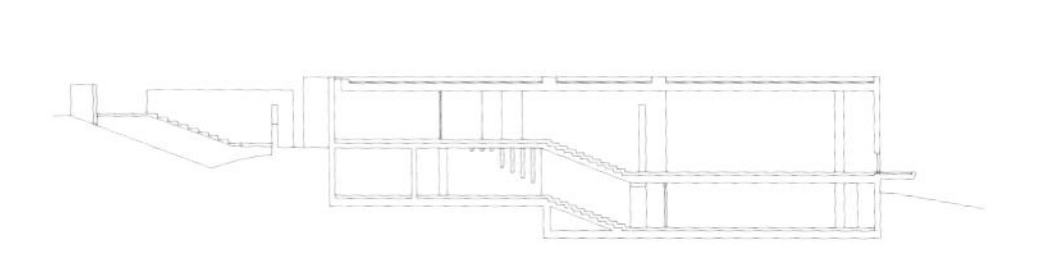

洄游式住宅

基地位置：日本，大阪

设计时间：2005—

基地面积：154.3 平方米

占地面积：81 平方米

总建筑面积：133.5 平方米

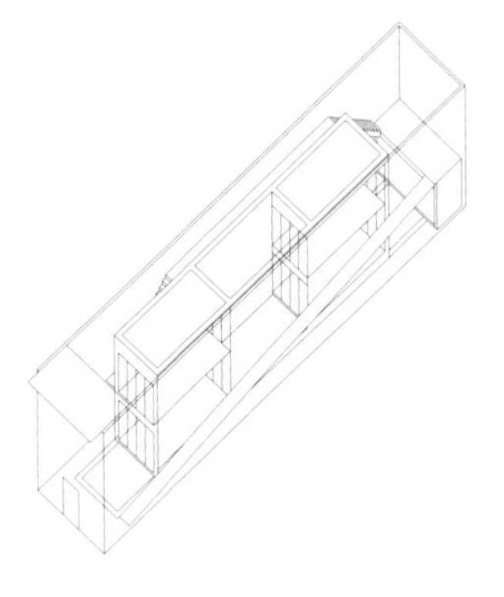

蒙特雷的住宅

基地位置：墨西哥，蒙特雷

设计时间：2006—2008

施工时间：2008—2011

基地面积：10 824 平方米

占地面积：1 096 平方米

总建筑面积：1 519 平方米

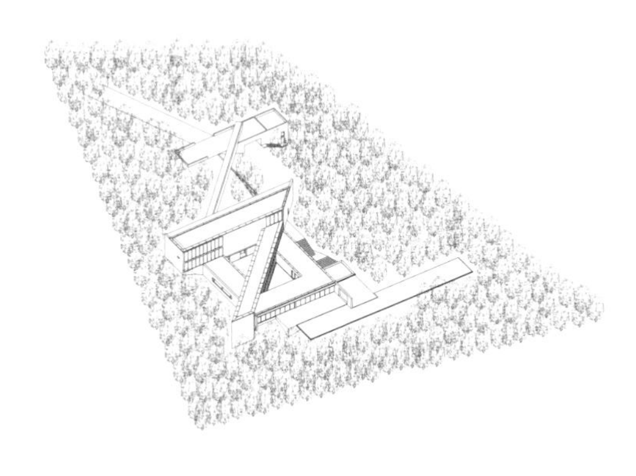

2006

金门大桥的住宅

基地位置：美国，加利福尼亚州，旧金山市

设计时间：2004

占地面积：1 200 平方米

总建筑面积：1 050 平方米

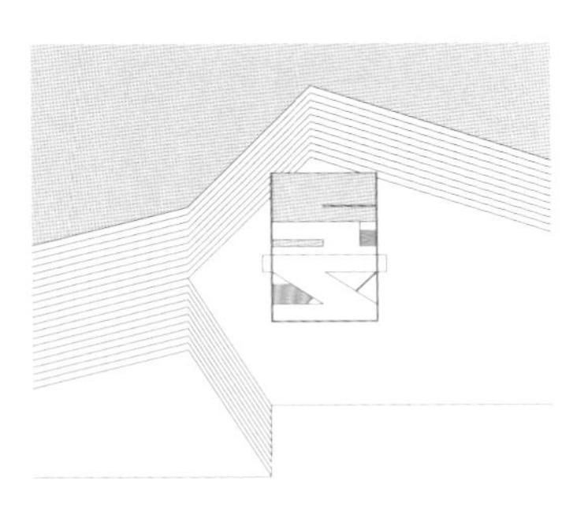

仙川集合住宅 II 期

基地位置：日本，东京，调布市

设计时间：2006—2010

施工时间：2010—2012

基地面积：1 942.6 平方米

占地面积：1 299.8 平方米

总建筑面积：7 745.1 平方米

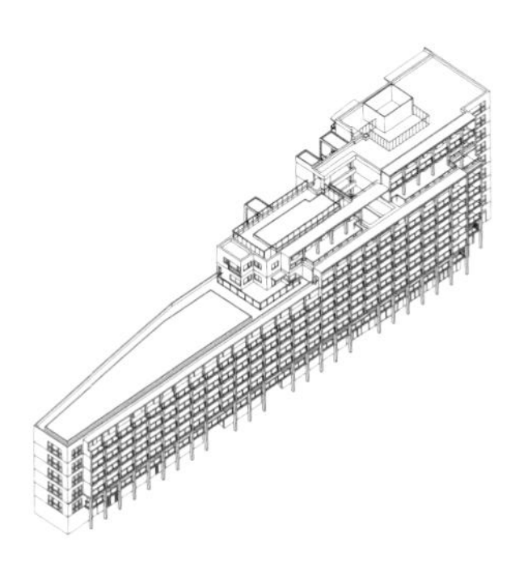

曼哈顿的裂缝之家

基地位置：美国，纽约州，纽约市

设计时间：2006—

总建筑面积：317 平方米

达米恩·赫斯特工作室

基地位置：墨西哥，格雷罗州

设计时间：2006—

基地面积：46 300 平方米

2007

韧公园住宅

基地位置：日本，大阪

设计时间：2007—2009

施工时间：2009—2010

基地面积：142.6 平方米

占地面积：89.4 平方米

总建筑面积：186.1 平方米

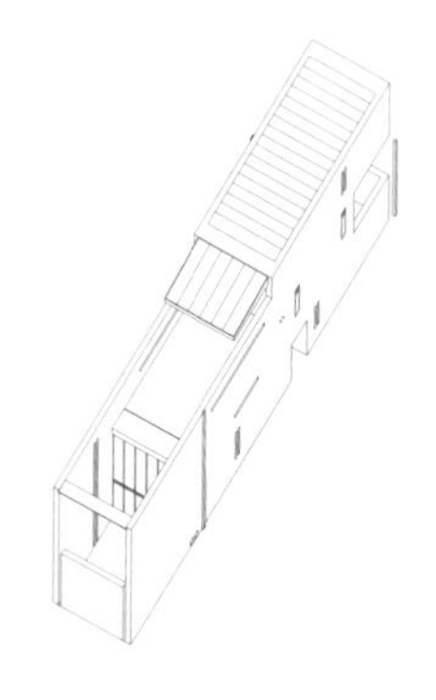

2009

石原宅

基地位置：日本，滋贺县，大津市

设计时间：2009

施工时间：2009—2010

基地面积：214 平方米

占地面积：54 平方米

总建筑面积：92.2 平方米

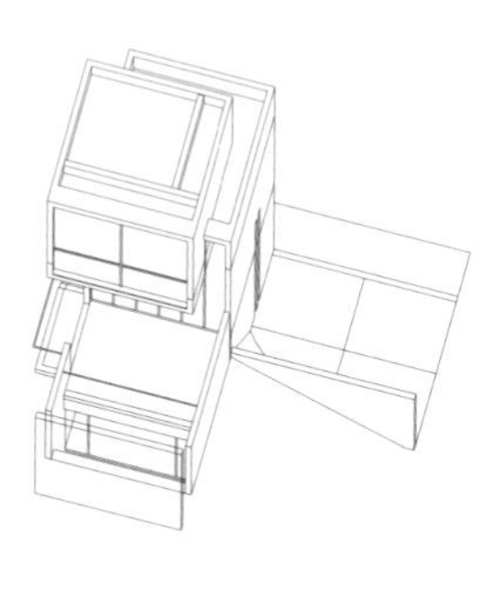

马里布的住宅 III

基地位置：美国，加利福尼亚州，马里布市

设计时间：2006—2009

施工时间：2009—2012

基地面积：414 平方米

占地面积：75 平方米

总建筑面积：374 平方米

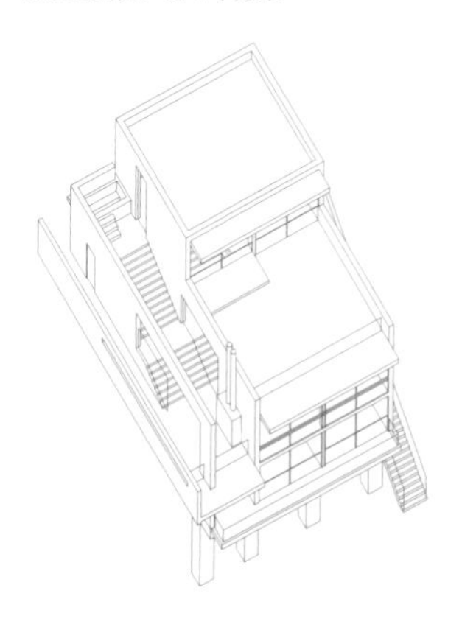

2008

名古屋的住宅

基地位置：日本，爱知县，名古屋市

设计时间：2008—2009

施工时间：2009—2010

基地面积：262 平方米

占地面积：180.4 平方米

总建筑面积：212.7 平方米

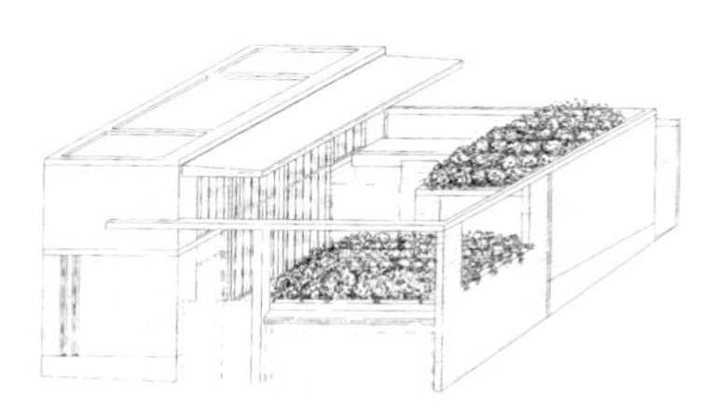

北欧之家

基地位置：爱尔兰，都柏林

设计时间：2009—

基地面积：8 400 平方米

占地面积：931 平方米

总建筑面积：462 平方米

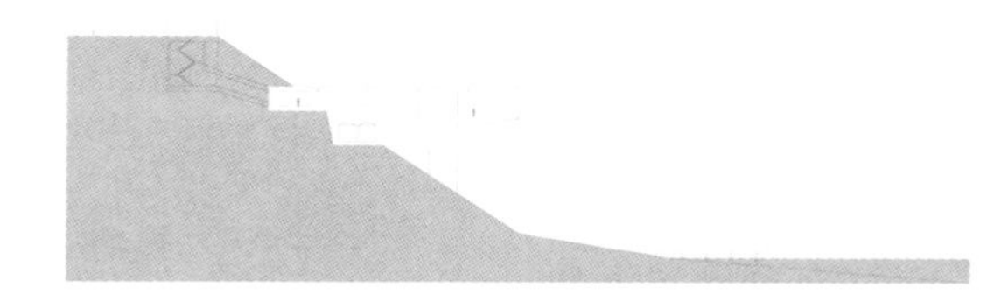

2010

高松的住宅

基地位置：日本，香川县，高松市

设计时间：2010—2011

施工时间：2011—2012

基地面积：271.1 平方米

占地面积：206.2 平方米

总建筑面积：378 平方米

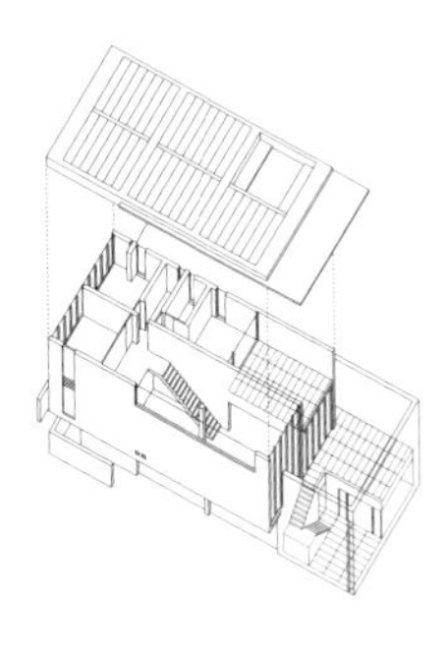

芦屋的住宅 II

基地位置：日本，兵库县，芦屋市

设计时间：2010—2012

施工时间：2010—2013

基地面积：196 平方米

占地面积：78.1 平方米

总建筑面积：134.3 平方米

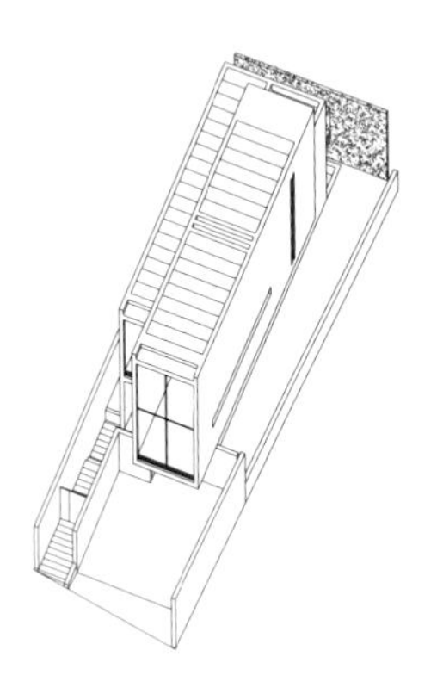

芦屋的住宅 I

基地位置：日本，兵库县，芦屋市

设计时间：2010—2012

施工时间：2012—2013

基地面积：331.2 平方米

占地面积：129.6 平方米

总建筑面积：325 平方米

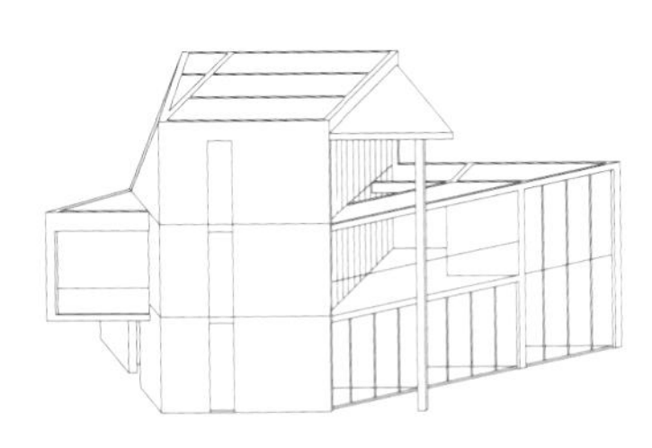

2012

博斯科工作室及住宅

基地位置：墨西哥，埃斯孔迪多港

设计时间：2011—

基地面积：222 000 平方米

总建筑面积：3 200 平方米

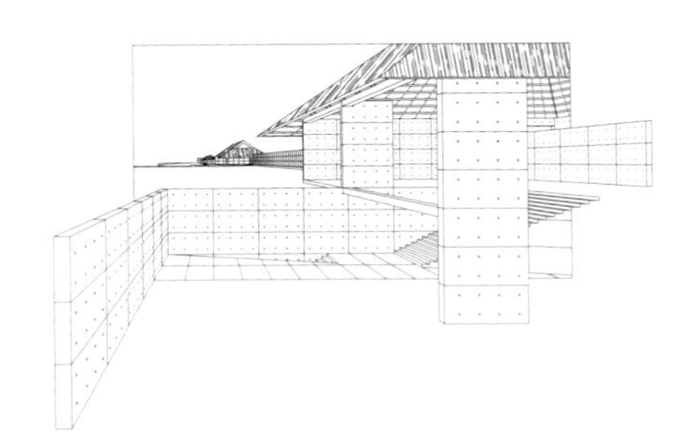

图书在版编目（CIP）数据

安藤忠雄的房子 /（美）菲利普·朱迪狄欧著；木兰译. -- 北京：中信出版社，2022.8
书名原文：TADAO ANDO：HOUSES
ISBN 978-7-5217-4534-4

Ⅰ. ①安… Ⅱ. ①菲… ②木… Ⅲ. ①住宅–建筑设计–图解 Ⅳ. ① TU241-64

中国版本图书馆 CIP 数据核字 (2022) 第 121970 号

安藤忠雄的房子

著　　者：［美］菲利普・朱迪狄欧
译　　者：木兰
出版发行：中信出版集团股份有限公司
（北京市朝阳区惠新东街甲4号富盛大厦2座　邮编　100029）
承 印 者：北京雅昌艺术印刷有限公司

开　　本：889mm × 1194mm　1/12　　印　　张：25　　字　　数：180千字
版　　次：2022年8月第1版　　印　　次：2022年8月第1次印刷
京权图字：01-2019-7309
书　　号：ISBN 978-7-5217-4534-4
定　　价：298.00元

服务热线：400-600-8099
投稿邮箱：author@citicpub.com